# LED

## A luz dos novos projetos

CB033772

*LED: a luz dos novos projetos*
*Copyright© Editora Ciência Moderna Ltda., 2012*

**Editor:** Paulo André P. Marques
**Supervisão Editorial:** Aline Vieira Marques
**Copidesque:** Maria Lúcia Barbará
**Revisão de termos técnicos:** Eng. Marcos (Tico) de Oliveira Santos
**Capa:** Mirian Raquel F. Cunha
**Fotos da capa:** Martin Konopka e Hpphoto | Dreamstime.com
**Diagramação:** Mirian Raquel F. Cunha
**Fotos do miolo:** gentilmente cedidas por OSRAM do Brasil - Lâmpadas Elétricas Ltda.
**Fotos do Autor:** Cláudio Martins Silva

### FICHA CATALOGRÁFICA

*SILVA, Mauri Luiz da.*
*LED: a luz dos novos projetos*
Rio de Janeiro: Editora Ciência Moderna Ltda., 2012

1 1. Iluminação Elétrica  2. Iluminação – Produtos – Projetos.
I — Título

ISBN: 978-85-399-0182-1     CDD 63.620

**Editora Ciência Moderna Ltda.**
**R. Alice Figueiredo, 46 – Riachuelo**
**Rio de Janeiro, RJ – Brasil   CEP: 20.950-150**
**Tel: (21) 2201-6662/ Fax: (21) 2201-6896**
LCM@LCM.COM.BR
WWW.LCM.COM.BR

# MAURI LUIZ DA SILVA

# LED
## A luz dos novos projetos

Editora Ciência Moderna
Rio de Janeiro, 2011

*"Para mim a iluminação é uma peregrinação. É a alma do desejo que me leva a criar."*

# Homenagem

*"Feliz é aquele que transfere o que sabe
e aprende o que ensina"*

CORA CORALINA
Poeta

Este terceiro livro sobre iluminação é decorrência de apoios que recebi durante toda a minha longa carrreira tratando da luz, da iluminação.

Dentre esses, registro uma categoria que foi fundamental para minha carrreira de escritor especializado no tema, inicialmente ajudada pelas informações que os primeiros livros trouxeram. Com essas informações, tais profissionais conseguiram um aprofundamento e, através de suas pesquisas e experiências, formaram uma nova classe no corpo docente das faculdades.

Muitos deles são originalmente arquitetos, lighting designers, engenheiros, entre outras profissões, que passaram a se dedicar a essa nova e luminosa matéria, utilizando como material didático meus livros. Ensinando iluminação, transformaram e transformam alunos universitários e de cursos técnicos em futuros profissionais da luz.

*Sabemos o quanto foram discriminados no início, pois contestações havia sobre como poderiam ensinar iluminação se não tinham formação superior para isso. Sempre os defendi, pois se não fosse a coragem de irem para frente de batalha – salas de aula – não teríamos hoje no Brasil tantos profissionais utilizando a luz para transformar ambientes e melhorar a vida de todos.*

*Sua tenacidade e até certa teimosia em ensinar sobre iluminação transformou-os em protagonistas na formação da chamada Cultura Brasileira de Iluminação.*

*Entre eles, profissionais renomados que fizeram história na iluminação no Brasil e que ajudaram a firmar conhecimentos pelo intercâmbio nessa sublime missão de instruir, de ensinar.*

*Meu agradecimento e minha homenagem a todos os professores de Iluminação, dos precursores e renomados aos iniciantes, pois todos são, também, responsáveis por mais esta obra, que servirá para que mais alunos e profissionais sejam iluminados pela luz do conhecimento.*

*Com um iluminado abraço!*

*Do amigo*
Mauri Luiz da Silva

# Sumário

Introdução ............................................................... 11

Fontes de luz ........................................................... 13

LED – definição ........................................................ 17

História ................................................................... 19

LEDs de sinalização .................................................. 25

LEDs de potência ..................................................... 27

A formação da luz no LED .......................................... 29

Montagem de um LED – BIN? ..................................... 39

Construindo um LED ................................................. 43

Equipamentos auxiliares ............................................ 47

Gerenciamento térmico nos LEDs ................................ 53

Ótica ...................................................................... 57

Controle e softwares ................................................. 61

Mitos e verdades sobre LEDs ...................................... 65

Eficência luminosa – consumo de energia ...................... 71

Principais vantagens dos LEDs .................................... 77

Os LEDs e a ecologia ................................................ 81

Obras e projetos ........................................................................ 87

Preocupação com a saúde .......................................................... 91

OLEDs: LEDs orgânicos .............................................................. 93

Ambientes iluminados com LEDs ............................................... 97

Perguntas e respostas ................................................................ 121

Uma divina luz .......................................................................... 129

Importante informação de ordem profissional ......................... 135

Considerações finais .................................................................. 137

# Introdução

*"Por mais longa que seja a caminhada,
o importante é dar o primeiro passo"*

VINÍCIUS DE MORAES
Poeta

Depois de escrever dois livros sobre o tema "luz" e seus efeitos (o primeiro, em 2001, abordando produtos e conceitos, com o título de *Luz, lâmpadas & iluminação*, e o segundo, em 2009, com a abordagem sobre o projeto luminotécnico, chamado *Iluminação: simplificando o projeto*, que para minha alegria se tornaram *best-sellers* no Brasil, sendo referência nos cursos universitários e na pós-graduação), um tema começou a ser recorrente no segmento, em face de sua importância e revolucionária novidade no mercado, muito mais ainda em função de se tratar de uma nova fonte de luz, que não as fontes tradicionais de luz elétrica já conhecidas. No primeiro capítulo deste livro, repassaremos conceitos sobre as lâmpadas tradicionais e introduziremos o assunto que, mais do que atual, é futurístico, visto que estamos apenas engatinhando nessa matéria e muito temos que pesquisar e evoluir.

Quando lembramos que a fonte de luz chamada de "incandescência" tem mais de um século e que a luz por "descarga elétrica" tem quase isso, temos que admitir que uma forma de fazer luz com eficiência, com apenas décadas de vida, seja realmente algo a ser estudado, consolidado e reinventado a cada instante, a cada projeto a cada pesquisa de materiais.

Essa atualidade e esse aspecto futurístico/presente dos LEDs é que me motivou a voltar ao tema "iluminação artificial", produzindo o meu terceiro trabalho nessa área e, quero crer, o mais importante pelas inovações que estão intrínsecas nessa fantástica fonte de luz.

Falar de um produto que aparece em nossa vida depois de anos e mais anos de pleno domínio das fontes de luz tradicionais é algo desafiador e motivador, mas, acima de tudo, cativante.

Em 2001, tive a honra e a felicidade de lançar um livro que foi precursor no segmento e que muito ajudou alunos e profissionais da área; mais ainda, para minha alegria maior, se tornou referência, contribuindo de forma decisiva para a formação da chamada Cultura Brasileira de Iluminação.

Ao começar a escrever este novo livro, sinto essa alegria voltar a aflorar na minha vida de escritor e profissional da iluminação, especialmente porque muitas e muitas solicitações chegaram até a mim para que trabalhasse nesse tema para lançar um livro que fosse ao mesmo tempo didático, como os dois anteriores, mas que não deixasse de ser inovador como o próprio tema é e precisa que assim seja, pois falar de uma fonte de luz que tem a idade de muitos dos alunos que estudarão o assunto tendo como material didático este livro teria de ser efetivamente algo que trouxesse essa novidade de forma descomplicada, que não deixasse muitas dúvidas, pois dúvidas é o que muitos têm atualmente sobre os LEDs.

Dessa forma, aqui estou eu novamente escrevendo sobre a luz e seus efeitos, com foco nos LEDs, depois de editar meu sexto livro chamado *Vendas: Que negócio é esse?*, em que faço uma abordagem diferenciada sobre a gestão de vendas, tema que de certa forma também interessa aos profissionais da luz, que necessitam de tal conhecimento.

Tenho convicção de que o leitor conseguirá entender este trabalho da mesma forma como entendeu os anteriores, por ter a mesma característica de todos os meus livros, da qual não abro mão: a linguagem acessível e de fácil compreensão, procurando não deixar dúvidas na parte técnica. Em outras palavras, um livro técnico, mas de fácil entendimento e leitura leve e cativante.

Espero que gostem deste trabalho e aprendam muito sobre essa fantástica fonte de luz chamada LED.

# Fontes de luz

*Várias são as fontes, para vários efeitos*

Como sempre haverá quem não tenha lido meus livros de iluminação anteriores, tenho a necessidade de repassar os conceitos sobre os tipos de fontes de luz para que possamos comparar e entender toda a importância dos LEDs, sua origem e toda a sua aplicabilidade em nosso cotidiano de luz. Mesmo que o leitor já tenha lido os livros citados, sempre é bom recordar, pois sabemos que uma grande parte do aprendizado se dá por repetição; logo, vamos aos tipos de fontes de luz, notando que todas imitam, de alguma forma, a natureza. É o homem usando exemplos naturais para aplicar na forma elétrica.

## Incandescência

Essa fonte de luz imita o Sol, a maior concentração de energia que conhecemos – energias térmica e luminosa estão, em profusão, no Sol. Ele nos fornece luz e calor, muita luz e muito calor.

As lâmpadas de filamento são chamadas de incandescentes justamente por imitarem o Sol, através do aquecimento de um filamento de tungstênio até este ficar em brasa, ou seja, incandescente. Muitas das características do Sol, como luz natural e fonte de vida, estão presentes nas lâmpadas de filamento, justamente por usarem o mesmo princípio dessa fonte natural, a incandescência. Por isso mesmo é que as lâmpadas incandescentes, sejam as comuns ou as halógenas, têm caracterísitcas semelhantes às do Sol, especialmente na produção de luz e calor, incluindo os famosos raios IR–infravermelho e UV-ultravioleta. É por isso que a reprodução de cores nas lâmpadas incandescentes é excelente: na verdade, reproduzem fielmente as cores, como a luz natural do Sol, a qual imitam na forma elétrica-artificial.

## Descarga Elétrica

As lâmpadas de descarga, que têm nas fluorescentes as suas mais famosas e antigas representantes, fazem luz a partir de uma descarga elétrica. A imitação nesse caso é do raio, relâmpago, que é uma descarga elétrica natural que produz uma luz muito intensa.

Essa descarga elétrica foi reproduzida dentro de um tubo de vidro e, com a adição de uma gota de mercúrio, foi possível, pela vaporização desse metal, proporcionar o aparecimento do raio UV-ultravioleta. Esse raio, quando atravessa a camada de fósforo que pinta o tubo de vidro, dá origem ao surgimento da luz fluorescente

Esse princípio da fluorescente, na verdade, está presente em todas as lâmpadas que fazem luz pela vaporização do mercúrio, como lâmpadas tipo HQL – mercúrio puro e HWL – mercúrio mista.

Existem lâmpadas que utilizam esse mesmo processo de descarga elétrica dentro de tubo de vidro, de quartzo ou cerâmica, mas, como não usam apenas o mercúrio na vaporização, conseguem produzir luz diretamente. É o caso das lâmpadas de vapor de sódio, tipo NAV e SON, das de multivapores metálicos, tipo HQI, HCI ou CDM, bem como das que utilizam outros metais e gases, como as lâmpadas de xenon, muito utilizadas na iluminação cênica e usadas até nos faróis de automóveis.

De maneira resumida, essas são as fontes de luz que existiam tradicionalmente até o aparecimento de nosso novo "ator principal" e que é o motivo, o tema e a razão de ser para eu estar novamente escrevendo sobre iluminação. Falo dos fantásticos, admiráveis, inovadores, eficientes, mas também controvertidos, LEDs.

# Eletroluminiscência

Em determinado momento de nossa história da iluminação artificial, o homem notou que havia um inseto que produzia luz. E foi se inspirar nele, conhecido como vagalume ou pirilampo, para imitar a sua fotoluminiscência, que é o princípio de funcionamento e produção de luz nos LEDs.

A luz se faz pela passagem de uma corrente elétrica muito pequena, mínima mesmo, por algum elemento sensível – esses elementos serão vistos neste livro. Por um processo de trocas de níveis de energia, essa passagem proporciona o aparecimento da luz. Dessa luz muito econômica, passaremos a descrever caracterísiticas, evolução, propriedades, economia, rendimento, outras virtudes e também alguns defeitos. Começaremos, como não poderia deixar de ser, por sua hitória. A partir do surgimento, abordaremos toda a evolução que estamos vivenciando atualmente e que deve seguir numa verdadeira *velocidade da luz*.

Iremos escrevendo e citando alguns conceitos para se vá gravando bem o assunto, que tem características por vezes bastante definidas, mas que, por outras, nos apresentam indefinições, que tentaremos elucidar, exatamente por ser algo tão novo no que diz respeito à iluminação geral. Para sinalização, os LEDs são há muito tempo utilizados.

# LED – definição

*Nova luz para novos projetos*

LED são as iniciais em inglês de Diodo Emissor de Luz. Ele é um dispositivo semiconductor que emite luz com um determinado comprimento de onda quando polarizado na posição direta. Isso quer dizer, em outras palavras, que o LED trabalha com polaridade. Ou seja, se trocarmos os polos elétricos, ele não funcionará ou perderá suas características.

Certa feita, um cliente comprou um módulo de LED na cor branca e, ao instalar, reclamou para o fabricante que tinha sido entregue produto errado, já que comprara na cor branca e recebera na cor laranja – ou próximo disso. Fomos até o cliente ver o que estava acontecendo. Chegando ao local, bastou trocarmos os fios, colocando na polaridade correta, e o LED voltou a ser branco.

Então, sempre que um LED for instalado, deve ser verificada a polaridade dos fios, mas evidentemente que esse é apenas um exemplo para nos alertar de que um produto com características novas implicam cuidados. No caso dos LEDs, esses cuidados deverão ser efetivos quando se tratarem de módulos de LEDs.

Existem no mercado produtos para instalação direta, com soquetes iguais aos das lâmpadas tradicionais, sejam elas incandescentes, eletrônicas, dicroicas, fluorescentes tubulares, etc. E esses têm a instalação simplificada, pois quando se coloca, por exemplo, um soquete E-27 para a ligação, o produto já tem, internamente, os equipamentos que controlam corrente, tensão, acendimento e outros detalhes que estudaremos nesta obra e que concorrem para o bom funcionamento dos LEDs.

Salientamos que, quando tivermos que conectar equipamento auxiliar, como fonte de aimentação – *driver* –, devemos prestar atenção na qualidade do produto. Isso porque, como veremos mais adiante, acender um LED é fácil, mas, para fazê-lo funcionar adequadamente, com todas as suas caraterísticas, temos que utilizar equipamentos corretos. Esse conceito já é nosso conhecido, de certa forma, das lâmpadas fluorescentes, ou seja, acender é uma coisa, funcionar é outra bem diferente.

# História

*Luz do passado iluminando o futuro*

Aparentemente, LED é uma fonte de luz moderna e muito nova. Quando visitamos sua história, porém, em vez de nos depararmos com algo muito recente, vamos remontar ao início do século XX, mais precisamente ao ano de 1907.

Exatamente, amigos: LED é uma fonte de luz que existe há mais de cem anos. Aliás, pode-se notar esse aspecto em muitas invenções, inclusive com a nossa tradicional e hoje execrada lâmpada incandescente comum. Muito antes de Thomas Edson *inventar* a lâmpada, ela já existia em outras formas há décadas. Mas o grande mérito foi que o famoso inventor criou a incandescente na forma que hoje conhecemos e com as características de poderem ser instaladas e trocadas em vários locais, em face de seu soquete, sua padronização, etc.

Então, vamos visitar essa cronologia para melhor entender de onde vem essa nova fonte de luz, que deve crescer em tecnologia e utilização, tornando-se efetivamente a **luz dos novos projetos**.

**1907** – Henry Joseph Round descobre acidentalmente os efeitos físicos da eletroluminescência. Na época, o pesquisador revelou que notara um fenômeno curioso. O cristal de SiC (carborundum) emitiu uma luz amarelada ao ser aplicada uma pequena tensão elétrica. Sua pesquisa era sobre radiotransmissão, então o efeito ficou esquecido até 1921. Imagino que assim aconteceu justamente porque não era o motivo principal de sua pesquisa.

**1955** – Rubin Branstein, da Radio Corporation of America, realizou experiências com emissão infravermelha utilizando semicondutores GaAs (gálio e arsênio).

**1962** – Primeiro diodo vermelho é introduzido no mercado, com a tecnologia de *Fosfeto de Arseneto de Gálio*. Nick Holonyak Jr., da General Electric, conseguiu obter luz visível (vermelha) a partir de um LED. Robert Biard e Gary Pittman patentearam o LED, pois o haviam descoberto na cor vermelha em 1961, mas Holonyak é considerado o "pai do diodo emissor de luz", pois foi ele quem conseguiu tornar a luz visível.

**1971** – LED torna-se disponível nas cores verde, laranja e amarelo.

**Anos 60 e 70** – As empresas de calculadoras e computadores começaram a utilizar de forma pioneira os LEDs como indicadores de liga/desliga de seus aparelhos. A partir daí, cresce muito a sua utilização.

**1975** – A Siemens traz para o mercado o primeiro LED radial. O desempenho do LED segue crescendo.

**1990** – É descoberto, por pesquisadores japoneses, o OLED (LED orgânico). E sua evolução passa ser uma realidade a competir saudavelmente com os LEDs "tradicionais", tendo vantagens em algumas aplicações.

Também foi durante a década de 1990 que a indústria automobilística começou a se interessar pelos LEDs e a aplicá-los em alguns pontos dos veículos, como lanterna, sinaleira, painel. Com o interesse por esses gigantes industriais – aliado à sua utilização – houve mais pesquisas, e os LEDs passaram a ter cores mais variadas e brilho mais intenso.

O TopLED da Osram é lançado

**1993** – É lançado o primeiro diodo de *Nitreto de Gálio e Índio*, que emite luz nos espectros azul e verde de maneira extremamente eficiente. O LED azul é a base para o LED branco. A descoberta do LED azul é atribuída ao Dr. Shuji Nakamura e considerada um marco fundamental na indústria de iluminação mundial.

**1995** – Primeiro LED branco é lançado pela Osram, que o chamou de Power TopLED.

**1997/1998** – Surgem as primeiras luminárias para uso arquitetural, produzidas em larga escala. Os modelos foram apresentados em feiras especializadas nos EUA e na Europa. Inicialmente, eram dos tipos balizadores de piso e luzes de emergência.

**2000** – A Lumileds-Philips lança o LED Luxeon I, elevando o patamar da tecnologia a níveis de 25 lumens em um único emissor, o que, para a época, era uma revolução. Muitas indústrias adotam essa plataforma, e o desenvolvimento de soluções como ótica secundária, dissipação térmica, *drivers*, controles e *softwares* apareceram, posssibilitando uma mais efetiva utilização dos LEDs na iluminação geral.

**2003** – Constantes inovações vão surgindo, sendo criado o Luxeon III (da Lumileds), com emissão de até 80 lumens. É desse ano a geração de cor branca com temperatura de cor de 3.200K e IRC de 90. Isso foi uma grande novidade, pois até então o branco era muito branco, do tipo de chamamos de "luz de bailão", ou seja, altas temperaturas de cor, acima de 5.000K.

É criado o LED de alto desempenho Golden Dragon®. Este, dentre outros, é utilizado no módulo Linearlight-Dragon® da Osram.

**2008** – Surge o LED de desempenho ainda maior, que chega a eficiência de até 120 lm/w com IRC de 80-89%.

A partir disso tudo, muitas empresas começaram a desenvolver seus LEDs de Potência. Posto está que os chamados "LEDs de sinalização" existiam há muito tempo para exatamente apenas sinalizar equipamentos na função liga/desliga, entre outras utilizações nessa linha.

Atualmente uma grande quantidade de fábricas de luminárias desenvolve produtos com LEDs, mas as tradicionais empresas de iluminação do mundo estão investindo cada vez mais em soluções de LEDs com luz branca de excelência e alto índice reprodução de cores (IRC).

OSRAM, PHILIPS e GE investem muito para conseguir oferecer produtos com LEDs de qualidade, capazes de competir com as lâmpadas tradicionais, considerando sempre o total do investimento, ou seja, LEDs em condições de serem ligados e produzirem luz semelhante à oferecida pelas lâmpadas tradicionais, como fluorescentes e halógenas, com os seus equipamentos correspondentes – luminárias, reatores e/ou tranformadores –, ou de instalação direta com soquetes normais, o que vem a facilitar o retrofit, especialmente de uso doméstico,

No decorrer deste livro, veremos que em muitos casos já é economicamente compensadora a utilização de LEDs no lugar de fontes de luz tradicionais, efeito que crescerá com muita rapidez.

A OSRAM, através de sua parceira mundial TRAXON, desponta e se destaca na busca de soluções para os mais grandiosos projetos mun dias, em que tem a concorrência muito forte da PHILIPS-LUMILEDS. E, como esse é um foco muito forte do mercado, outras empresas vêm concorrendo com esses gigantes da iluminação mundial.

Existem, no mundo e no Brasil, muitos fabricantes de LEDs de alta *performance*, mas optei por não citar para não correr o risco de esquecer algum que seja importante, melindrando-o por isso. Quando cito os três fabricantes de lâmpadas tradicionais que passaram a fabricar LEDs, registro justamente essa transição entre as lâmpadas antigas e a modernidade dos LEDs. Peço, por isso, a compreesão dos leitores e, muito mais ainda, dos demais fabricantes de LEDs, especialmente os do Brasil.

Atualmente, existem LEDs com rendimento luminoso de até mais de 150 lumens/watt e que ainda não chegaram na iluminação residencial/comercial. Mas até o momento em que esta obra for publicada, duas coisas podem ter ocorrido, com muita certeza:

– LEDs com essa grande luz (150 lm/w) sendo utilizados em residências, lojas e outros ambientes.

– LEDs na faixa acima de 200 lumens/Watt sendo coisa normal e natural.

Pelo menos assim esperamos.

Neste capítulo que estamos encerrando, penso que deu para termos uma ideia de toda a evolução histórica dessa fantástica e revolucionária fonte de luz. Mesmo que possa ter escapado algum detalhe, algum nome, acredito que a ideia de introduzir uma cronologia de aparecimento dos LEDs tenha sido entendida.

### Recapitulando, devemos marcar:

– **LEDs de sinalização** existem há décadas e são conhecidos também como LEDs radiais.

– **LEDs de potência** se desenvolveram nas últimas duas décadas, e as soluções para iluminação geral se intensificaram nos últimos anos.

– **LEDs brancos** de qualidade ainda estão sendo desenvolvidos e soluções, melhoradas, representando a busca atual para substituição real e imediata das lâmpadas tradicionais, especialmente com preços competitivos.

# LEDs de sinalização

*Brilhante precursor*

Também conhecidos por radiais, foram os primeiros a aparecer no mercado, como vimos anteriormente. Nem por isso, porém, deixam de ter sua importância, já que, se não fosse a descoberta dessa fonte, ainda com pouca emissão de luz efetiva e apenas em determinadas cores, não estaria eu aqui a escrever sobre toda a sua complexidade e evolução.

Ao lembrarmos alguns anos passados, virá à nossa memória que LED era sinônimo de sinal luminoso indicativo de alguma função como liga/desliga ou mesmo de painéis de controle em quadros de comandos e outras funções semelhantes. Ao citar essas outras funções, lembro casos não muito distantes no tempo em que apareceram os interruptores com um sinal luminoso mínimo para indicar, no escuro, onde estava a tecla a ser tocada para acender alguma(s) lâmpada(s). Notem como a vida se revela por vezes irônica, e aquele sinal luminoso – que era um LED de sinalização – para indicar como e onde acender uma lâmpada, transformou-se, na sequência da história da luz, na própria lâmpada em muitas de suas versões.

Atualmente, os LEDs de sinalização continuam sendo usados de forma abundante, o que não poderia deixar de ser, pois têm na sua característica principal o pequeno consumo de energia. É o que se precisa nesses casos, pois via de regra permanecem sempre ligados, fazendo o trabalho de realmente sinalizar algum ponto de equipamento, bem como o estado em que ele se encontra. É muito comum que os LEDs tenham duas intensidades luminosas, uma para indicação de "ligado" e outra para "desligado". Também há os que ficam piscando de forma intermitente mostrando o bom funcionamento de um aparelho eletricoeletrônico, como *modens*, *transponders*, decodificadores de sinais, etc.

Ao elencarmos esses poucos exemplos, podemos notar como era e é imensa a utilização dos LEDs de sinalização e poderíamos ficar aqui descrevendo muitos locais e aparelhos onde eram e são empregados com grande utilidade. Mas evidentemente que só abordamos esse tipo de LED como referência histórica, porque é a origem dos LEDs que de fato nos interessa. As estrelas principais deste livro são os *LEDs de Potência*.

# LEDs de potência

*A Luz potencializada, real e efetiva*

A partir dos LEDs de sinalização é que foram criados os LEDs de potência, conforme vimos anteriormente quando tratei da história dessa fonte de luz. Caso não fosse descoberto e desenvolvido o LED de sinalização, não teríamos chegado aos LEDs de potência. Acredito que isso tenha ficado bem claro.

Para ficar ainda mais compreensível esta parte, é importante que saibamos o que é potência.

**Potência – P:** Numa linguagem bem acessível, potência é o índice que define o consumo de energia elétrica. Sua unidade é o Watt (W). O consumo é medido pelo relógio da luz, como é popularmente conhecido, mas que na verdade deveria ser chamado de contador de Energia. Isso porque luz é apenas um dos componentes do consumo e, não muito raramente, o que menos consome. A medida é W/h (watt/hora) ou sua forma mais direta e conhecida que é o Kw/h (kilowatt/hora).

Sempre que falamos em lâmpadas elétricas, definimos seu tipo com o "sobrenome" Watts. Por exemplo, lâmpada incandescente comum de 60W ou lâmpada fluorescente compacta de 20W ou ainda lâmpada metálica de 150W. O que define de forma muito simples uma das razões por que chamamos de "LED de potência" é que realmente os LEDs começaram a produzir luz como se grande potência tivessem, mesmo que uma de suas características principais seja justamente o baixo consumo, ou seja, a baixa potência. Um LED de 7W pode produzir luz equivalente a uma lâmpada com 50W de potência, por exemplo.

No caso dos LEDs, o termo "potência" está associado à produção de boa quantidade de energia luminosa, também conhecida como luz e suas grandezas, como fluxo luminoso, intensidade luminosa, etc.

Dessa forma, os chamados "LEDs de potência" são os que servem para iluminação geral, seja arquitetural, industrial, comercial, cênica, automobilística e que, como vimos, potencializaram seu crescimento a partir do descobrimento do LED branco. Isso porque é impensável vislumbrarmos a iluminação de ambientes com uma luz monocromática vermelha ou verde, que é o que tínhamos antes da descoberta do LED branco.

Os LEDs eram verde, vermelho, âmbar e assim por diante. Mais para a frente, veremos que essas cores puras são oriundas do material utilizado para a produção de luz nesse diodo chamado de LED. Cada material emite um comprimento de onda e sabemos que cada comprimento de onda gera um tipo e uma cor de luz, de onde se deduz que os LEDs coloridos são de cores saturadas, ou seja, o vermelho é bem vermelho, o azul é bem azul, o verde é bem verde e assim por diante. Para salientar uma determinada cor de algum material ou superfície com luz, o LED daquela cor é excelente, mas o melhor, o que sempre buscamos na iluminação, é uma fonte de luz que tenha bom IRC – Índice de Reprodução de Cores. Para termos bom IRC, a luz emitida deve gerar vários comprimentos de ondas, cada um proporcionando uma cor e, no somatório dessas frequências, conseguirmos uma maior abrangência no espectro das cores.

Na evolução dos LEDs de potência, a palavra-chave, a grande conquista, foi o LED com luz branca, ou o chamado LED branco, que ainda neste livro será definido com mais exatidão.

# A formação
# da luz no LED

*A microeletrônica fazendo luz*

Vimos anteriormente que a luz é gerada por um processo de mudança de níveis elétricos e recombinação dos elétrons em algum elemento químico. Agora passaremos a analisar e conhecer esse processo de forma mais "visível" e didática.

Partindo do princípio que o LED é um diodo emissor de luz e que esta palavra – diodo – significa contração de dois elétrons, o diodo é um tipo de semicondutor. O LED, por sua vez, é um tipo de diodo especial que é um semicondutor, ou seja, o LED é um **diodo semicondutor** que produz luz. Reconheço que este parágrafo está complicado em termos e expressões usadas, mas vamos por partes para não embaralhar a cabeça de você, leitor:

Existem na eletricidade três tipos básicos de materiais:

- **Condutores:** Conduzem eletricidade. O exemplo mais conhecido de condutores é o cobre, do qual são feitos os fios e cabos, onde a corrente elétrica é conduzida como se fosse, por analogia figurada, uma mangueira por onde passa uma água corrente. Por isso mesmo que um fio é denominado "condutor elétrico". Quando nos encostamos em um fio desencapado – também chamado de cobre nu – levamos um choque, porque não está isolado. Claro que existem condutores elétricos – fios e cabos – feitos de outros materiais, como, por exemplo, o alumínio, mas citamos o cobre por ser mais conhecido e para facilitar o entendimento nesse caso.

- **Isolantes:** Não conduzem eletricidade. Um bom exemplo de isolantes são materiais como a borracha, que isola a eletricidade. De forma simplificada: os isolantes não permitem que a eletricidade seja conduzida e é por isso que, só para ficar em exemplos de fácil compreensão, podemos pegar um fio elétrico com uma luva de borracha ou usar fita isolante para evitar choques e curtocircuitos nas instalações.

- **Semicondutores:** Existem certos elementos químicos que não têm a propriedade de serem condutores nem isolantes da eletricidade o tempo todo e que, quando combinados de forma adequada, formam um diodo semicondutor.

O diodo é o mais simples dos elementos semicondutores, mas essa simplicidade se reveste de grande importância, visto que só a partir da descoberta dos diodos é que foi possível criar os transistores e outros materiais da chamada microeletrônica, como os mais famosos do segmento, que são os *chips*.

O LED é um tipo de diodo semicondutor em estado sólido. A luz é gerada dentro de um *chip* cujo tamanho não é maior do que $0,25$ mm². Esse *chip* é um cristal em estado sólido e, por isso, é muito utilizado um termo inglês para definir essa nova forma de fazer luz, o SSL – *Sólid State Light* –, que quer dizer "luz em estado sólido". No dia a dia dos projetos e estudos da iluminação com LED, essa expressão SSL será muito usual e por isso a menciono.

## Geração de luz

Como vimos, o funcionamento do LED se baseia nos níveis de energia, ou seja, quando a tensão é aplicada, os elétrons se mudam para níveis mais altos de energia e quando retornam para os níveis originais o fazem em forma de luz no material utilizado. Como materiais/elementos diferentes têm diferentes níveis de energia, a cor da luz irradiada dependerá do elemento/material a ser utilizado e cada um corresponde a uma cor – um comprimento de onda. Por isso que os LEDs têm o nome dos elementos da tabela periódica, da Química Geral, que entram na composição daquela luz. Notaremos a seguir que cada elemento ou combinação de elementos gerará uma cor de luz – um comprimento de onda em nanômetros (nm).

## Cor de luz e os elementos que a formam

| COR | MATERIAL SEMICONDUTOR | COMPRIMENTO DE ONDA (NM) | TENSÃO (V) |
|---|---|---|---|
| Infravermelho | Galium Arsenide (GaAs) Aluminium Gallium Arsenide (AlGaAs) | $\lambda > 760$ | Menos que 1,9 |
| Vermelho | Aluminium Gallium Arsenide (AlGaAs) Gallium Arsenide Phosphide (AlGaP) Aluminium Gallium Indium Phosphide (AlGaInP) | $610 < \lambda < 760$ | $1,63 < \Delta V < 2,03$ |
| Laranja | Gallium Arsenide Phosphide (GaAsP) Aluminium Gallium Indium Phosphide (AlGaInP) | $590 < \lambda < 610$ | $2,03 < \Delta V < 2,10$ |
| Amarelo | Gallium Arsenide Phosphide (AlGaP) Aluminium Gallium Indium Phosphide (AlGaInP) | $570 < \lambda < 590$ | $2,10 < \Delta V < 2,18$ |
| Verde | Indium Gallium Nitride (InGaN) / Gallium (III) Nitride (GaN) Gallium (III) Phosphide (GaP) Aluminium Gallium Indium Phosphide (AlGaInP) Aluminium Gallium Phosphide (AlGaP) | $500 < \lambda < 570$ | $2,18 < \Delta V < 4,0$ |
| Amarelo | Gallium Arsenide Phosphide (GaAsP) Aluminium Gallium Indium Phosphide (AlGaInP) | $570 < \lambda < 590$ | $2,10 < \Delta V < 2,18$ |
| Verde | Indium Gallium Nitride (InGaN) / Gallium (III) Nitride (GaN) Gallium (III) Phosphide (GaP) Aluminium Gallium Indium Phosphide (AlGaInP) | $500 < \lambda < 570$ | $2,18 < \Delta V < 4,0$ |
| Azul | Zinc Selenide (ZnSe) Indium Gallium Nitride (InGaN) Silicon Carbide (SiC) as Substrate | $450 < \lambda < 500$ | $2,48 < \Delta V < 3,7$ |
| Violeta | Indium Gallium Nitride (InGaN) | $400 < \lambda < 450$ | $2,76 < \Delta V < 4,0$ |

| Ultravioleta | Diamond (C) Aluminium Nitride (AIN) Aluminium Gallium Nitride (AlGaN) Aluminium Gallium Indium Nitride (AlGaInN) | $\lambda < 400$ | $3,1 < \Delta V < 4,4$ |
|---|---|---|---|
| Branco | Chip Azul ou UV com Fósforo | $380 < \lambda < 780$ (Espectro visível) | $\Delta V = 3,5$ |

A seguir, a tabela cromática, em que cada elemento produz uma cor de luz. No centro está representado o branco, que é o somatório em proporção adequada de todas as cores. Esse branco, por sua vez, pode ser conseguido de mais de uma forma – e isso explicaremos na sequência.

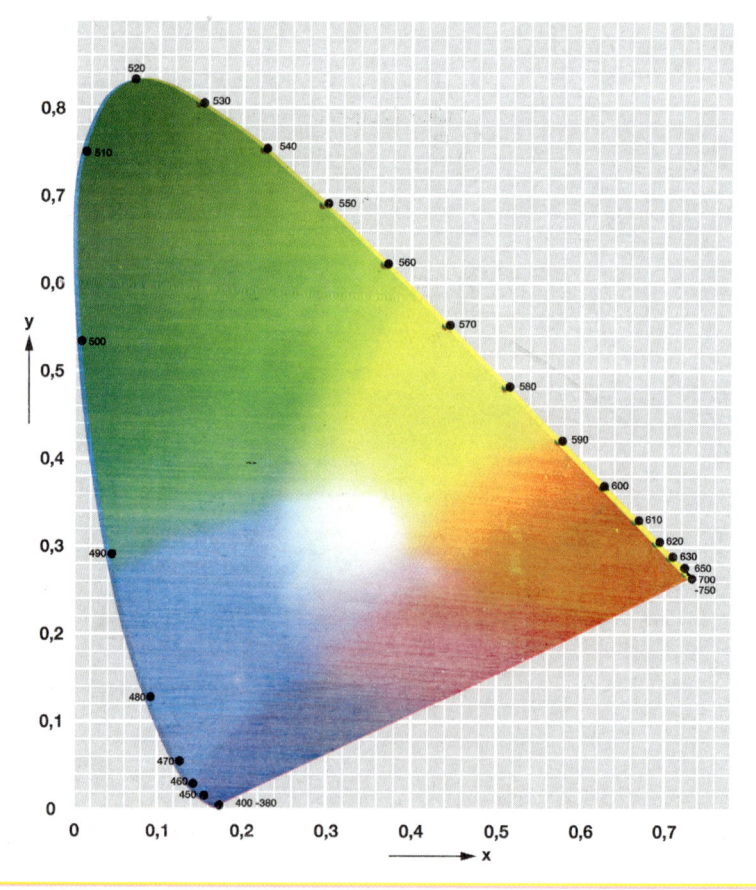

*Tabela cromática: cada elemento produz uma cor de luz e no centro, a branca, que é o somatório em proporção adequada de todas as cores*

Nas ilustrações a seguir, notamos esquematicamente como se dá a formação da luz nos LEDs.

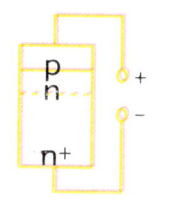

Um LED basicamente é uma junção PN.

Quando um campo elétrico é aplicado elétrons da Ec são expulsos para a Ev.

Resulta em uma combinação-par elétron/lacuna(e-/h+) na região P.

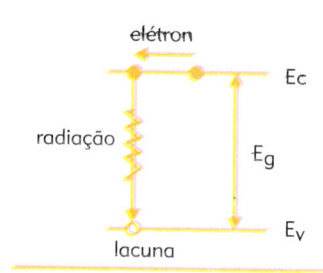

O elétron livre na banda Ec sofre decaimento energético para Ev.

Nesta transição é gerada a onda eletromagnética ou radiação: $E_g \sim 1 / \lambda$

*Extração de luz (radiação) de um LED*

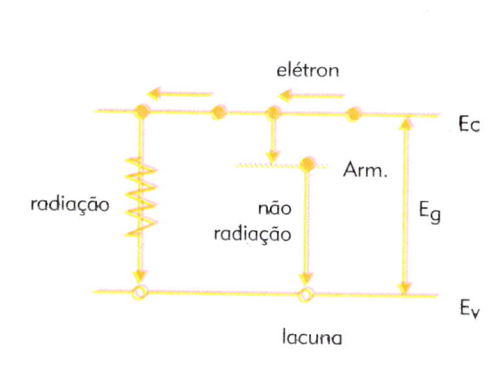

Nem todos os elétrons conseguem performar a transição EC to EV.

Impurezas no cristal criam subníveis de energia (armadilhas).

Não há extração de luz nestas circunstâncias, quando o e- não é expulso de Ec para Ev.

*Pureza dos materiais*

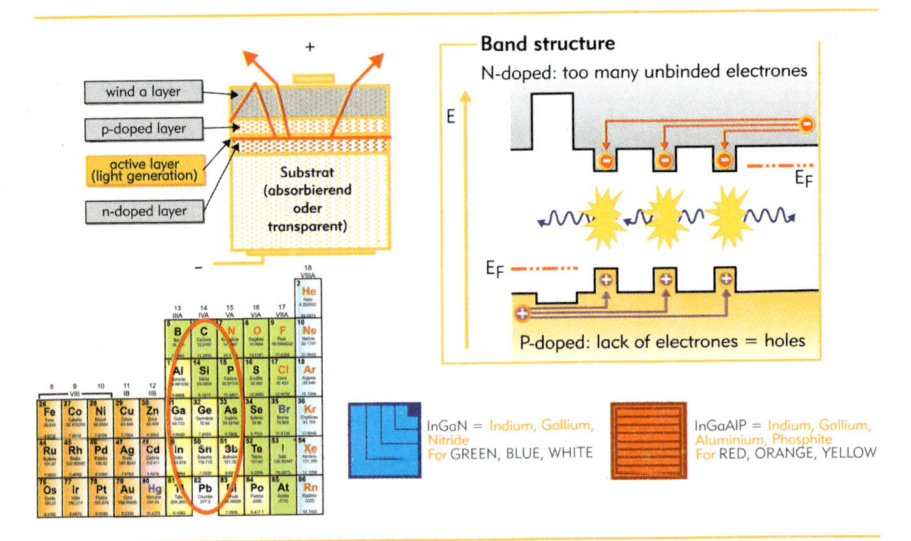

*Geração de luz – recombinação de pares Eléctron-Lacuna*

# Geração do LED Branco

Existem três formas de se conseguir o LED branco:

### PRIMEIRA TÉCNICA: Luz azul + fósforo amarelo

Essa é a forma mais utilizada, que consiste em colocar uma camada de fósforo amarelo em cima do LED azul. Na passagem da luz azul pelo fósforo, ela se transforma na luz branca, num processo semelhante ao que ocorre na formação da luz fluorescente, em que o UV – ultravioleta – atravessa uma camada de fósforo se transformando em luz visível. No caso dos LEDs é diferente, mas não deixa de lembrar o fenômeno luminoso das fluorescentes. Nesse fósforo amarelo, na verdade, existem fósforos emissores de luz visível (RGB) que são excitados abrangendo várias frequências e fornecendo a luz branca.

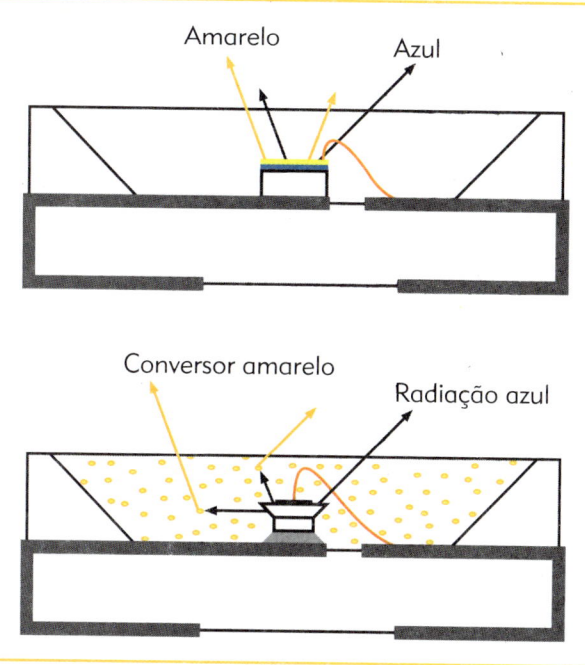

*Geração da luz branca: luz azul + fósforo amarelo*

## SEGUNDA TÉCNICA: **Misturas de Cores**

Mistura diretamente luzes de três fontes monocromáticas, vermelhas, verdes e azuis (processo RGB – *red, green, blue*) para produzir uma fonte de luz branca através da combinação das três cores no olho humano.

## TERCEIRA TÉCNICA

Usa um LED azul para excitar um ou mais fósforos emissores de luz visível. O LED é projetado para deixar "vazar" um pouco da luz azul entre o fósforo para gerar a porção azul do espectro, enquanto o fósforo converte a porção remanescente da luz azul em porções vermelhas e verdes do espectro.

Independentemente da forma de se conseguir a luz branca, o fundamental é que o chamado LED branco, como já falamos, é o divisor de água entre os LEDs de sinalização e os LEDs para a iluminação geral, o que realmente possibilitará cada vez mais sua utilização no lugar que sempre fora das lâmpadas incandescentes, halógenas, fluorecentes e de descargas HID.

A seguir, uma pequena tabela na qual cada LED tem uma letra identificando sua cor. O **W**, por exemplo, é o branco, o **B** é o azul (note-se que foram usadas as primeira letras das cores no inglês).

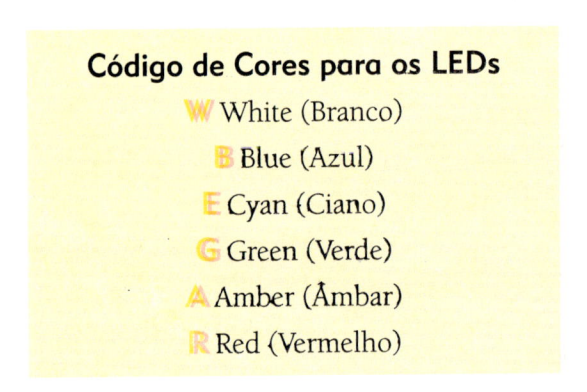

### Código de Cores para os LEDs

W White (Branco)

B Blue (Azul)

E Cyan (Ciano)

G Green (Verde)

A Amber (Âmbar)

R Red (Vermelho)

Normalmente, nos catálogos e até nos produtos de LEDs, sempre que estiver anotada e/ou gravada uma dessas letras, esta identificará a cor de luz daquele LED.

Os caracteres que se seguirem darão nome a outras espeficicações dos LEDs, como temperatura de cor e IRC, como se nota nas lâmpadas fluorescentes, que utilizam sistema parecido.

### W 854 identificará:

W = um LED de cor branca

8 = IRC no intervalo entre 80 e 90

54 = Temperatura de cor de 5400K

## Branco é sempre branco?

Na verdade, nosso sistema de visão é muito sensível a variações de cores e, quando temos uma temperatura de cor de 3.000K ao lado de outra de 3.200K, nosso olho identificará essa diferença de cor de luz. Se a diferença, porém, for de menos de 100K, essa variação não será percebida e assumiremos, em termos de visibilidade, como sendo ambas do "mesmo" branco.

Por causa dessa funcionalidade do olho humano de perceber diferenças mínimas de cores é que devemos ter cuidado quando comprarmos produtos com LEDs. Isso porque, se houver de um componente para o outro uma diferença de cor, a qualidade da luz será reduzida e estaremos comprando "gato" por "lebre". Nesse caso, o efeito é que se chama de *binning* ruim. Ou seja, temos sempre que buscar um bom *binning*.

A seguir, um exemplo em que o projeto de iluminação ficará terrivelmente prejudicado, com aquele efeito parecido com a camiseta de um time de futebol, como os tricolores São Paulo, Fluminense e Bahia:

*Exemplo de utilização de LED com binning ruim*

Para evitar esse efeito, que mais parece um código de barras, há que se ter a convicção de que o fornecedor do LED é confiável. Os motivos por que isso acontece é o que veremos agora, ao estudarmos a montagem de um LED.

# Montagem de um LED – BIN?

*Uma seleção de craques iluminados*

Vimos que a luz é formada num *chip* e agora veremos que os LEDs são classificados conforme seus BINs. Em palavras muito simples, para que o leitor consiga entender mais facilmente, diremos que os LEDs são montados conforme a classificação dos BINs, o que se chama de "BIN *selection*" (ou em bom português, "seleção de BINs"). Essa seleção permitirá a montagem de LEDs com características muito semelhantes, quando não iguais. E cada BIN será selecionado considerando-se, geralmente, três fatores principais:

- cor
- fluxo luminoso
- tensão

Qualquer mudança dessas três variáveis, incluindo ainda a corrente, é claro, trará alteração no tipo de luz produzida. E é por isso que há que se ter uma boa seleção de BINs para que os produtos de LEDs sejam montados com boa *performance* técnica. Assim, o registro desses BINs por parte dos fabricantes é muito importante, pois numa eventual reposição de produtos num projeto, se soubermos os detalhes do BIN poderemos colocar outro de mesma cor e fluxo luminoso, mantendo exatamente as características luminosas do projeto.

Essa seleção é comparável aos azulejos ou pisos de porcelanato, em que um lote feito hoje será diferente – ainda que da mesma cor -- de outro que seja fabricado um ano depois.

Aquele que chamamos há pouco de camiseta de futebol de clube tricolor é um exemplo de má seleção de BINs. Um bom fabricante de luminárias deverá manter o registro/histórico de produção de cada BIN utilizado em seus produtos.

Na montagem do LED, há uma seleção dos BINs. No quadro a seguir, notamos a variação de cores em mínimos intervalos de um BIN para o outro. Sempre que a diferença for maior do que 0,5mm, a tonalidade de cor será notada visualmente e causará o efeito indicado anteriormente.

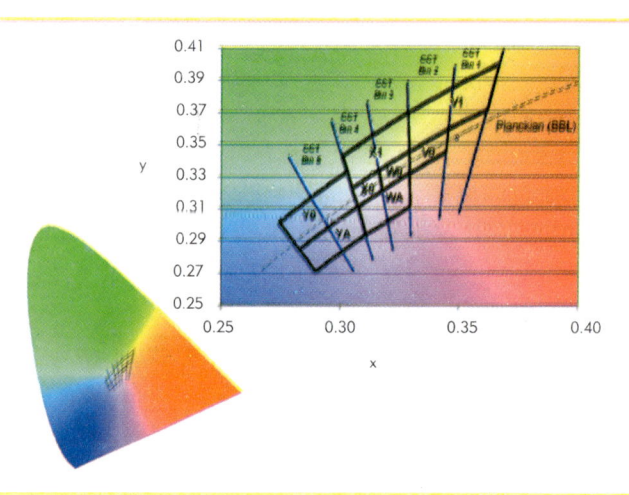

*Variação de cores em mínimos intervalos de um BIN para o outro*

Sabemos que o querido leitor quer mesmo é saber onde e como instalar uma iluminação com LEDs, mas o Mauri fica falando de coisas técnicas. Devo esclarecer que em determinados momentos não podemos queimar etapas e deixar de registrar detalhes importantes. E isso estamos fazendo para, na sequência, chegarmos à parte mais prática.

Não tem como fazermos um bom projeto de iluminação tradicional se não soubermos como funciona uma lâmpada e qual equipamento que a faz acender. E, mais ainda, se não soubermos como é determinada a cor de luz de cada uma e assim montarmos nosso ambiente com luz de conforto ou luz de trabalho. Certo?

Então, vamos em frente, sabendo mais dessa fantástica fonte de luz chamada LED, de forma a possibilitar que a conhecendo bem possamos fazer projetos de iluminação de fato criativos e muito eficientes.

# Construindo um LED

*Uma reengenharia da luz*

Para construir um LED faz-se necessário, primeiramente, definir a seleção dos BINs – etapa crucial na construção de um LED como visto no capítulo anterior. Definida essa seleção, é feita a fixação nas hastes de contato e colocado um invólucro plástico que servirá como proteção e ajudará na ótica primária.

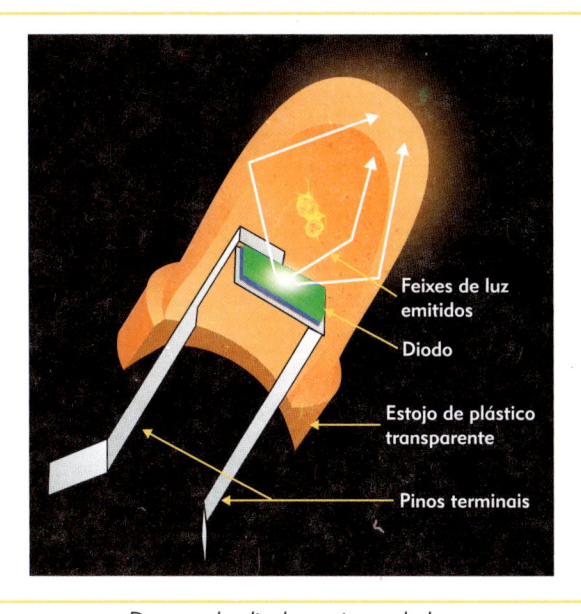

*Dentro do diodo emissor de luz*

Notem que a luz é apontada para o topo do estojo de plástico transparente, o que faz com que a luz seja pontual e direcionada. Mais para frente, veremos que para utilizar LEDs na iluminação geral é construída uma ótica secundária para melhor distribuir essa luz que originalmente é direcional.

Depois de feita a seleção de BINs e montado conforme descrito anteriormente, temos então um LED. O próximo passo será colocar esse LED, que é uma unidade, num equipamento que será utilizado para iluminar e poderá ser composto de vários LEDs ou de apenas um LED. E então teremos a parte luminosa do LED.

Falo em parte luminosa porque essa fonte de luz só poderá funcionar se tiver aquilo que chamamos em iluminação de "equipamentos auxiliares". Mas, antes de definirmos o que são esses equipamentos, temos que testar esse LED em todos os seus aspectos físicos, incluindo formas de conexões elétricas e a indispensável dissipação térmica.

Para construir um LED há um processo bastante complicado, sendo feito praticamente nesta sequência:

– **O primeiro passo** é fazer a "ficha". Ou seja, estruturação das camadas do cristal, também chamada, em inglês, de *epitaxy–development*, quanto à estrutura e disposição do material.

– **Chip-development:** É a etapa em que o chip é trabalhado nos aspectos de desenho, metalização, gravação de fotolitos, separação, medição, etc.

– **Package-developement:** Trata-se do desenvolvimento da embalagem, ou do invólucro, de material plástico, montagem, conexão, teste e escolha dos BINs que formarão o LED para iluminar na montagem de um módulo.

– **Module-development:** Desenvolvimento do módulo de LED. Nessa fase é desenvolvido o esquema de dissipação térmica, adaptação ótica, montagem e teste final para que, finalmente, tenhamos um LED para ser utilizado na iluminação em geral.

Observem que são quatro passos lidando com materiais de tamanho micro. É necessário rigoroso controle de qualidade a cada etapa.

A seguir, o desenho do esquema de produção de um LED.

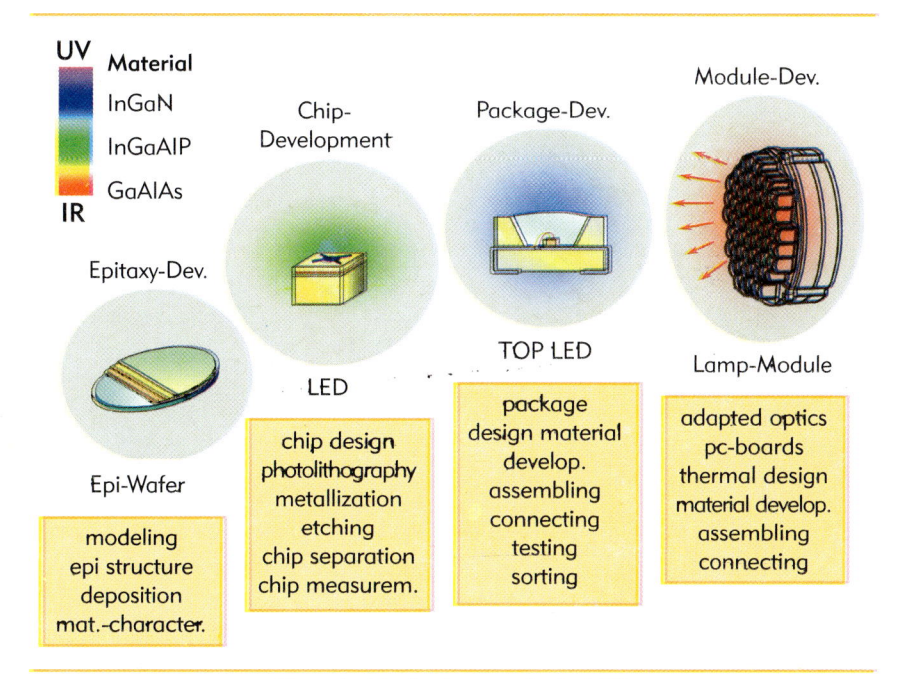

*Complexidade da tecnologia LED*

# Equipamentos auxiliares

*Coadjuvantes ou protagonistas?*

Quando falamos de produtos tradicionais para iluminação, em muitos dos casos temos equipamentos auxiliares. Por exemplo, para ligar uma dicroica ou outro tipo de halógena de baixa tensão (12 V), precisamos usar um transformador que faz o trabalho de transformar a tensão de rede (127 ou 220 V) para 12 V. Assim a lâmpada pode ser ligada e funcionar normalmente.

Para ligar uma fluorescente, utilizamos um reator que fará o trabalho de dar partida na lâmpada e controlar a corrente, permitindo o bom funcionamento do produto. Há tipos de reatores que têm outras funções, como dimerizar a lâmpada e permitir outras variações, como possibilidade de filtragem de ruídos elétricos. Mas, de prático e para o que nos interessa no momento, o reator faz o acendimento e o funcionamento de uma lâmpada de descarga.

No caso do ator principal deste livro – o LED – não é diferente. Para que ele funcione de forma adequada, precisam ser utilizados alguns elementos auxiliares, que são os seguintes:

**Driver – Dissipador – Ótica – Controle – Software**

Os dois primeiros são componentes básicos sem os quais o LED não funcionará. A esses se agregam os outros, que são equipamentos para aperfeiçoar o desempenho. Nesse caso, para sermos ainda mais precisos, podemos acrescentar mais um que não é equipamento, mas um elemento que adiciona melhoria de desempenho em grandes projetos: a consultoria.

Então vamos ver esses itens passo a passo:

## Driver

O LED necessita uma estável e constante corrente contínua a fim de evitar mudanças no comprimento de onda e garantir uma operação segura.

A corrente alternada, que vem da rede normal, é convertida para corrente contínua por esse equipamento.

O que chamamos de *drivers* são as fontes que permitirão a ligação e o acendimento dos LEDs. Existem vários tipos, mas em termos de conceito, para funcionamento, são duas formas:

– **Fontes de tensão:** Existem determinados LEDs que trabalham com fontes de tensão e, nesse caso, a ligação elétrica deverá ser sempre em **paralelo**.

*Ligação em paralelo*, para um entendimento bem simples, é a que é normalmente utilizada na ligação das lâmpadas normais. Ou seja, os dois fios – positivo e negativo – passam pelas lâmpadas conectando-as dos dois lados do soquete e seguem para ligar outras lâmpadas da mesma forma. Isso acontece, de forma geral, na maioria das ligações elétricas. Cito lâmpadas por serem nosso foco e para melhor entendimento.

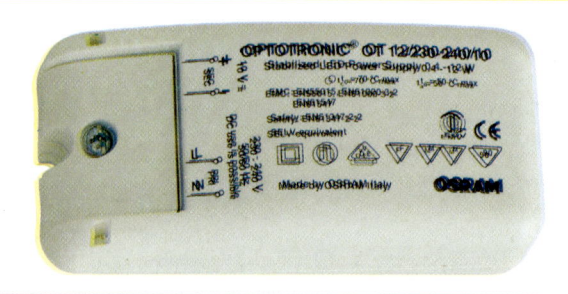

*Fonte de Tensão 230/240V x 10V*

- **Fontes de Corrente:** Utilizadas para determinados tipos de LEDs e, nesse caso, a ligação deve ser feita **em série**.

*Ligação em série* é quando um fio passa em todas as lâmpadas instaladas, dentro da capacidade de uma fonte, enquanto que outro fio conecta a primeira lâmpada e segue por fora para ligar a última lâmpada fechando o circuito.

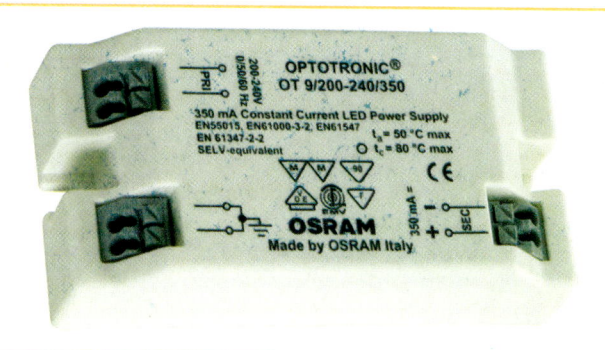

*Fonte de Corrente de 350mA*

Nos dois casos, o somatório das potências instaladas deve ser igual ou menor que a potência da fonte. Isso acontece também nas lâmpadas halógenas de baixa tensão, em que um transformador de 12 V e potência de 100W pode ligar duas dicroicas de 50W. Temos de ter cuidado porque estamos lidando com equipamentos elétricos e sempre há limites, parâmetros, inseridos em sua construção.

Um transformador de dicroica, como o citado, tem na sua indicação a potência mínima e máxima, ou seja, de 20W até 100W. Nesse caso, podemos ligar uma lâmpada de 20W, duas de 50W, uma de 20W e outra de 50W, mas não podemos ligar uma lâmpada de potência menor que 20W ou ligar um número de lâmpadas cuja potência total seja maior que os indicados 100W.

É importante sabermos esses limites, pois em LEDs estaremos sempre lidando com potências muito baixas e, não raro, teremos que colocar vários LEDs para utilizar uma fonte com potência maior.

Outro exemplo bem claro é o uso de um tranformador de dicróica de 20 a 60W para ligar LEDs. Sendo LEDs que trabalhem em fonte de tensão, isso será possível desde que o somatório dos LEDs sejam no mínimo 20W. Podemos ligar sete LEDs de 3W e eles acenderão e funcionarão normalmente, mas não podemos ligar menos que sete, pois não chegarão à potência mínima indicada.

O fundamental é ficarmos com a certeza de que para instalar um sistema de LEDs temos que ler atentamente a informação do fabricante, constantes nas embalagens, para definir que tipo de fonte teremos que utilizar e constatar na fonte qual o tipo de conexão e quantidade de LEDs que permite ligar.

## Dissipador

Claro está que o LED não emite nenhum calor na faixa da luz, mas, em compensação, gera uma grande quantidade de calor na parte de trás. Esse calor que vai para a parte traseira dos LEDs é de tal ordem que necessita um equipamento específico para eliminar ou reduzir esse efeito. Ou seja, temos que dissipar esse calor gerado.

Sabemos que outras fontes de luz emitem calor, especialmente as fontes incandescentes. Alguns produtos, como as lâmpadas dicroicas, foram criados na tentativa de conduzir o calor gerado pelo filamento para trás, o que foi um bom avanço. Mas temos que entender que o calor que a dicroica joga para trás, reduzindo a energia térmica na parte de luz emitida/projetada, nem de perto se compara com a situação dos LEDs, em que o calor é realmente desproporcional.

Na dicróica, temos uma luz emitida com 1/3 de calor para frente e 2/3 para trás, enquanto que nos LEDs na faixa de luz é zero de calor e todo o que é gerado termina sendo conduzido para a parte traseira. Por isso também é tão intenso e precisa ser dissipado.

Para fazer esse trabalho de dissipar a energia térmica gerada pelo LED, utilizam-se dissipadores de calor, que podem ser desde peças simples de alumínio, para modelos que emitam menos calor, até equipamentos complexos, com aletas calculadas tecnicamente para conseguir fazer essa dissipação.

Existem modelos de LEDs que têm na sua construção dissipadores de calor próprios, que é a própria placa do circuito impresso. Alguns fabricantes chamam essa placa de PCI Star, por ter um formato de estrela. Esse sistema simplificado serve para LEDs de potências menores, pois para maiores potências essa placa é insuficiente, havendo a necessidade de se acoplar um dissipador adicional.

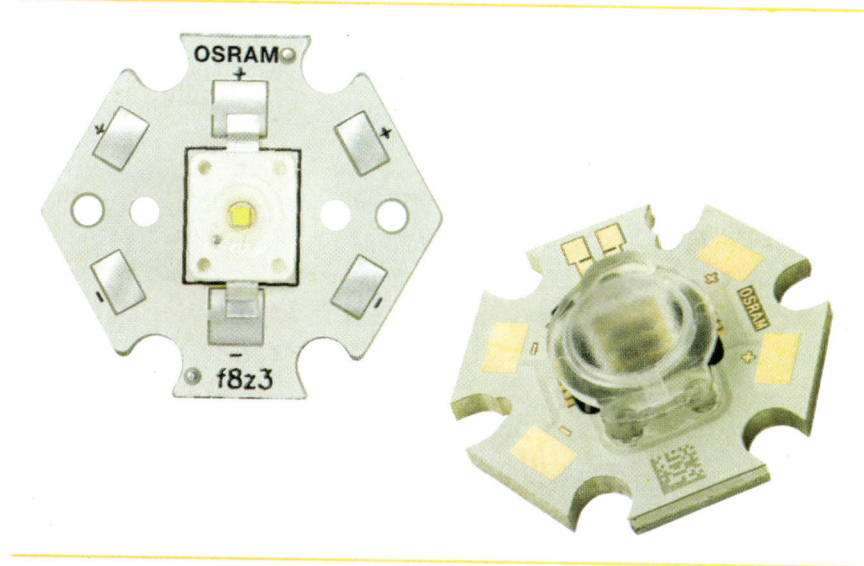

*Exemplos de dissipadores-placa*

Nas chamadas LampLEDs, soluções prontas para *retrofit* direto, em que se retira uma lâmpada tradicional e se coloca uma de LED, o dissipador de calor já é integrado ao LED, antes da base, reduzindo o calor gerado e protegendo, de certa forma, o soquete. Notem, na figura a seguir, as aletas bem definidas para a absorção e dissipação do calor:

*Modelo de LampLED equivalente a uma PAR 16 halógena*

Quanto maior a potência de um LED mais calor será gerado e maior deverá ser o sistema de dissipação de calor. Quando um módulo utiliza vários LEDs juntos, o problema se repete em somatório.

O material utilizado como dissipador de calor nos LEDs normalmente é alumínio, sendo o grafite também aplicado com alguma frequência, mas a rigor, em tese, qualquer material que seja condutor de calor pode ser usado.

A dissipação de calor será mais eficiente na medida da proporcionalidade direta do tamanho do dissipador e da área de ventilação – área livre entre as aletas. Ou seja, quanto maior o tamanho do dissipador e da área de ventilação, maior será a capacidade de dissipação.

Existem fórmulas específicas para calcular o dissipador de calor de cada LED, e os fabricantes de *chips* têm fórmulas próprias para determinar o tamanho e a configuração desse componente, que é fundamental para garantir a qualidade e durabilidade dos LEDs.

> **Quanto melhor forem o controle e a dissipação do calor, maior será a vida de um LED.**

# Gerenciamento térmico nos LEDs

*"Fica frio que vai dar certo"*
EXPRESSÃO POPULAR

Os objetivos do gerenciamento término nos LEDs são os seguintes:

– *Assegurar confiabilidade na operação sem nenhuma falha catastrófica.*

Prevenindo que os LEDs não excedam a máxima temperatura de junção permitida.

– *Assegurar que a vida útil do LED não tenha degradação prematura.*

Prevenindo que os LEDs não sejam operados fora do limite de temperatura ambiente.

– *Desempenho ótico otimizado do LED.*

Operando o LED na máxima corrente permitida dentro da faixa de temperatura.

**Quanto maior a potência,
maior deverá ser a dissipação de calor.**

A seguir, um exemplo em que, aumentando a corrente, aumenta-se a área de resfriamento:

| TEMPO DE VIDA | CORRENTE | ÁREA LIVRE DE RESFRIAMENTO POR CONVENÇÃO | MATERIAL PARA ESTA ESTIMATIVA: |
|---|---|---|---|
| 30.000 h | LED 350mA | 18 cm² | Alumínio (anodizado) Espessura: 2 mm Área exposta ao ar Ta = 20 °C |
| 30.000 h | LED 500mA | 25 cm² | |

## Relação calor – corrente – frio:

– *Mais Calor:*

*Menos luz, menor vida útil.*

– *Mais corrente:*

*Mais luz, menor vida útil.*

– *Bom resfriamento:*

*Mais luz, maior vida útil.*

**Ajustar a temperatura é ajustar a vida útil do LED.**

*Dissipador de calor de alta eficiência*

## Condições para dissipadores de calor em geral:

– Material com boa condutividade térmica (ex: alumínio, grafite).

– Distância entre as aletas deve ser no mínimo de 4 mm (recomendado: 8-10mm), a fim de evitar acúmulo de calor entre as aletas (apenas em sistemas passivo de resfriamento).

– Área suficiente para realização da convecção.

– Se possível, não deve haver isolação entre módulo e dissipador de calor.

– Não deve haver ar entre o módulo e o dissipador (uso de pasta condutora ajuda em alguns casos).

*Luminária com solução de LED de 13,5 W com 50 lumens/watt*

No modelo anterior (figura), que substitui um embutido de compacta de 26W ou de uma halógena de 50W, temos uma solução de LED de 13,2W com 50 lumens/watt.

Notem a dimensão do sistema dissipador de calor inserido no produto para que a energia térmica seja absorvida e dissipada no próprio sistema. Isso possibilita a aplicação em forros, respeitando uma distância adequada de cada produto em relação aos materiais sensíveis ao calor.

Para fechar este capítulo, temos que deixar bem claro que o grande segredo do bom funcionamento de um LED é o seu gerenciamento térmico. Com isso, conseguimos utilizar todas as vantagens dessa fonte luminosa, onde na faixa de luz, repetimos, não há calor, nem UV, nem IR.

# Ótica

*Este é o nosso foco: luz bem dirigida*

Na construção de um LED, há todo um cuidado com o sistema ótico. A razão está no fato de a luz do LED ser pontual, havendo necessidade de se acoplar lentes especiais para fazer o melhor direcionamento da luz, buscando reduzir os desconfortáveis ofuscamentos.

Quando tratamos da iluminação com fontes de luz tradicionais, nos meus dois livros anteriores que versaram sobre o tema, ressaltamos que o grande vilão de uma boa iluminação é o ofuscamento em todas as suas amplitudes, seja direto ou indireto. Para controlar ofuscamentos proporcionados por lâmpadas tradicionais, a ação é bem mais simples do que nos LEDs. A grande diferença é que uma lâmpada como a fluorescente direciona a luz para todos os lados, e o trabalho é o de dimensionar luminárias que, ao direcionarem a luz para o ambiente, o façam com controle do ofuscamento, que pode ser obtido com aletas parabólicas, acrílico fosco ou vidro jateado entre outras formas.

Quanto tratamos de LED, a operação é um tanto quanto inversa. A luz do LED é naturalmente direcional. Para podermos utilizar essa luz pontual na iluminação geral de ambientes, temos que adequar a direção dessa luz às necessidades do projeto e dos ambientes. A luz dos LEDs, com esse direcionamento próprio na origem, deve ser "gerenciada" para que possa iluminar em diversos ângulos de abertura de facho. Por isso precisamos conhecer o que chamamos de "ótica" e que é um dos pontos fundamentais dos LEDs.

- **Ótica primária:** Essa técnica é desenvolvida na contrução do LED; quando se fixa o *chip* na ficha, já é considerado um direcionamento da luz, que é feito no material onde é fixado, que faz às vezes de refletor. Na prática, os LEDs fabricados para iluminação em geral já vêm com uma ótica primária, o que é, numa linguagem simplificada, um microrrefletor, direcionando a luz para o topo do encapsulamento.

- **Ótica secundária:** Considerando que o LED já tem na sua fabricação a ótica primária, os fabricantes desenvolveram refletores para direcionar melhor essa fantástica e econômica luz. Ao analisarmos os refletores dos LEDs – que fazem a ótica secundária – notaremos que têm características semelhantes aos refletores para lâmpadas que conhecemos há tempos. A principal diferença é que são muito reduzidos em seus tamanhos, pois estamos tratando de uma fonte de luz muito pequena, que é o LED.

Os materiais utilizados na fabricação desses refletores devem ter características especiais, utilizando lentes que conduzem e distribuem a luz do LED, reduzindo perdas e o efeito de ofuscamento. Essas lentes são feitas com material termoplástico amorfo, resistente ao calor, na faixa de temperatura de -40°C até 80°C. São especialmente resistentes aos raios ultravioleta-UV. Por outro lado, são muito delicados e sensíveis a arranhões.

Essas lentes, que têm excelente transmissão luminosa, acima de 90%, fazem a condução da luz, desviando a direção do foco, redirecionando a luz para diversos ângulos, normalmente de 30 a 175°. Faz também, em alguns casos, a mudança da cor de luz, entre outros efeitos.

Uma das vantagens dessa ótica secundária é a ausência dos chamados anéis de luz, muito comuns em outras fontes refletoras, tendo uma maior concentração no facho central. Isso de maneira alguma elimina totalmente o efeito do ofuscamento, já que a luz emitida diretamente pelo LED não tem controle. Por isso há que se ter cuidado na fabricação das luminárias que serão utilizadas nos ambientes, para que esse efeito seja atenuado. Repetindo: ofuscamento em qualquer tipo de iluminação é sempre um grande vilão.

Na área de formação dessa ótica secundária há um bom número de fabricantes que se dedicam a produzir refletores e lentes que produzem os mais variados efeitos e aberturas de fachos, o que termina disponibilizando muitas alternativas para que luminárias mais eficazes, funcionais e criativas sejam produzidas e oferecidas ao mercado, aos especificadores/ arquitetos de iluminação e usuários em geral.

*Minirefletores que fazem a ótica secundária*

# Controle e softwares

*Controlando a luz para melhorar a vida*

Quando falamos em controle e sistemas informatizados de controlar a luz, aumentando e reduzindo o nível de iluminamento, estamos falando sempre de uma forma de dimerização, seja no simples aumento e na redução de luz, seja no controle e na mistura de cores nos sistemas RGB. Nesse caso, os sistemas de controle são semelhantes aos das fontes de luz tradicionais, sendo os mais conhecidos:

- *Sistema de 1 - 10V – analógico*
- *Sistema DALI – digital*
- *Sistema DMX*

Esses sistemas, entre outros, fazem a interface de controle da quantidade de luz que cada componente luminoso produzirá naquele instante naquele ambiente. Através desses controles, é que faremos o que se chama de "gerenciamento da luz".

Notem que na iluminação tradicional também usamos esses sistemas, que dão dinamicidade e criação de cenas de luz, incluindo as já tradicionais e muito utilizadas trocas de cores. A possibilidade de utilização de sistemas informatizados é uma outra realidade que cresce dia a dia, com a utilização dos chamados *softwares*.

Cada equipamento de LED tem características próprias. E devem ter indicação por parte do fabricante sobre quais as possibilidades dessa flexibilização da luz que proporciona. Por exemplo:

– **Dimerização:** Para dimerizar LEDs, precisamos que a fonte que o ligará e o fará funcionar permita esse efeito. Ou seja, a fonte deve ser dimerizável, como de resto acontece com as lâmpadas fluorescentes. Existem fontes que não permitem essa função e outras que as permitem. Assim, temos que saber o que estamos comprando antes de instalarmos, o que é lógico.

– **Sistema RGB:** Também nesse caso temos que saber se a fonte utilizada permite esse efeito. Existem fontes, módulos e até Lamp-LEDs que já têm na sua construção a forma automatizada de troca de cores.

O esquema normal de ligação de LEDs obedece a esta sequência:

– *Fonte*

– *Controle*

– *Dimmer*

– *LEDs*

A energia vem da rede normal em 127 ou 220V ligando a fonte-*driver*; entre a fonte e o *dimmer* ligamos a forma de controle apropriada – normalmente uma das que indicamos anteriormente (1-10V, DMX, DALI, etc) –; e o dimmer será ligado nos LEDs, formatando o sistema.

O que nos vem à mente é que os sistemas RGB possibilitam milhões de combinações. Na prática, porém, discute-se muito sobre isso, já que na verdade não temos essa necessidade toda de troca de cores. Até porque, apesar de gerar um efeito diferente e bonito, não é o que mais buscamos na iluminação geral e especialmente arquitetural. O que queremos mesmo é uma luz que possa ser dinâmica, mas acima de tudo que seja funcional e confortável, já que a luz deve servir ao ser humano como forma de melhorar sua vida, influenciar no seu humor. Resumindo, deve tornar sua vida mais agradável ou, na pior das hipóteses, não atrapalhar.

Muitas vezes temos toda essa possibilidade de troca de cores e, quando a pessoa chega ao ambiente iluminado, não se sente bem. Assim, enfatizo que o melhor que podemos ter em relação à iluminação de ambientes é o conforto, que podemos agregar à funcionalidade e à economia, itens em que nos LEDs têm muita importância.

– **Sistema Easy:** Existe também no mercado um sistema automatizado chamado *Easy*, justamente por ser a forma de utilizar esse efeito de troca de cores de maneira automática e simplificada.

Há igualmente a possibilidade de combinação de sistemas tradicionais – como DALI – com o sistema *Easy*.

O que devemos ter em mente é que existem no mercado várias formas de gerenciar a luz dos LEDs e que nosso trabalho será o que sempre se requer em iluminação: pesquisar materiais, produtos e sistemas para melhor adequar nossos projetos de iluminação. Cada fabricante oferece soluções diferentes dentro dos parâmetros de tecnologias já descobertas. Assim, consultar *site* e catálogos de fabricantes de LEDs é uma tarefa que se torna normal para quem quer bem utilizar sistemas mais sofisticados. Mesmo porque, para a iluminação tradicional, como lojas e residências, as soluções prontas do tipo *retrofit* são cada vez mais numerosas.

Para esses casos de sistema mais sofisticados, com troca de cores e geração de imagens, desenhos, há muitas soluções específicas de cada fabricante.

As formas tradicionais de dimmerização RGB são:

– *Módulo RGB dimerizável*

– *Módulo RGB sequencial*

Dessa forma, sabendo-se que há inúmeras formas de gerenciar a luz dos LEDs e, nos capítulos anteriores, tendo visto desde a sua história e vários aspectos, entre os quais a forma como é produzida a luz, a construção do LED e a extração da luz propriamente dita, entre outros detalhes, chegou a hora de vermos coisas mais práticas. E também o momento de desmitificar algumas lendas sobre essa fonte de luz.

# Mitos e verdades sobre LEDs

A seguir relacionaremos, com as devidas explicações, as vantagens reais dos LEDs em comparação com as lâmpadas tradicionais, bem como as eventuais desvantagens e também as lendas que se criaram quando de seu aparecimento.

### A luz do LED não é aconchegante

Os LEDs atualmente têm luz branca com temperatura de cor correspondente as fontes tradicionais. Vão de 2.700/2.800K até 6.500K.

Isso quer dizer que podemos fazer iluminação com LEDs onde tradicionalmente fazemos com fluorescentes, halógenas, metálicas, etc.

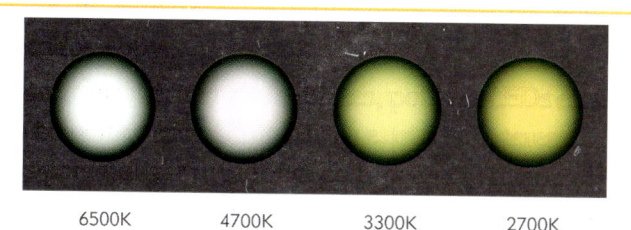

6500K  4700K  3300K  2700K

*Os LEDs atualmente têm luz branca com temperatura de cor correspondente às fontes tradicionais, ou seja, vão de 2700/2800K até 6500K*

## LEDs são muito caros

Na verdade temos que considerar o custo total de um sistema de iluminação, desde sua especificação, instalação até a troca quando deixarem de funcionar adequadamente. Custos como energia, reposição – implícita durabilidade – devem ser considerados quando compararmos LEDs com os sistemas tradicionias. Isso sem falar nas qualidades inerentes, como a não emissão de UV e IR.

Na maior parte das comparações, os LEDs podem ser interessantes economicamente e se tornarem mais baratos proporcionalmente. O que se deve considerar é a confiabilidade do fabricante, pois um LED poderá vir a ser trocado após anos de utilização. Se esse fabricante, porventura, não mais existir, teremos um problema que pode encarecer o sistema com troca de equipamentos, etc.

## LEDs duram cem mil horas

Quando começamos a ter contato com LEDs de potência para iluminação geral, a primeira imagem era exatamente de que duravam cem mil horas ou mais.

Com o passar do tempo, as verdadeiras formas de se considerar a vida do LED foram sendo esclarecidas e conhecidas. Ficou-se sabendo que existem variáveis que alteram o funcionamento e a durabilidade dos LEDs. Já vimos e veremos muito sobre isso, como, por exemplo, o nível da corrente, temperatura, umidade e outros detalhes que têm influência sobre o tempo de vida dos LEDs.

A seguir continuaremos analisando variáveis que podem definir a vida e durabilidade dos LEDs.

## LEDs são inquebráveis e à prova d'água

Os LEDs não possuem filamento – como as lâmpadas incandescentes –, sendo à prova de vibrações. Também permitem chaveamentos ilimitados. Ou seja, na operacionalidade, a forma de acendimento dos LEDs equivale ao das lâmpadas de filamento.

Quando comparamos com as lâmpadas de descarga como, por exemplo, as fluorescentes, notamos diferença. Estas têm número de chaveamento limitado, o que significa que, quanto mais reacendimentos tivermos, menos durará uma lâmpada de descarga, enquanto que os LEDs nesse aspecto, como vimos anteriormente, são semelhantes às lâmpadas de filamento: incandescentes comuns e halógenas. Além disso, LEDs têm como vantagem adicional o fato de que, não tendo filamentos, não sofrem com vibrações.

Também por isso LEDs duram mais, pois o material em que a luz se faz é um componente muito pequeno, micro mesmo, que resiste a qualquer tipo de vibração.

A possibilidade de muitos acendimentos permite a utilização de sensores de presença, o que viabiliza uma boa economia adicional de energia, além de sua natural capacidade de poupar esse bem precioso e caro.

As partes metálicas podem corroer e por isso necessitam de proteção contra umidade, bem como o invólucro, que é de material plástico. Por qualquer ângulo que analisarmos, os LEDs necessitam de proteção IP. Mas o que vem a ser proteção IP?

Existe uma norma na ABNT que se chama IP (Índice de Proteção), que leva em conta a proteção contra resíduos sólidos, como poeira, e também efluentes líquidos, como jatos de água, respingos, chuva intensa, submersão, etc.

É uma tabela em que na primeira coluna é registrada a proteção contra sólidos e na segunda coluna contra líquidos, sendo definida a situação com um número que vai de zero a seis para poeira e até oito para líquidos. Ao lado do número, vem um quadro com a descrição da situação e mais outro quadro que informa o tipo de proteção que esses números indicam. Na tabela que segue podemos notar que o melhor índice de proteção é **IP68**, que indica que o equipamento – como o LED – tem proteção total contra resíduos sólidos e líquidos, podendo ser instalado submerso, por exemplo.

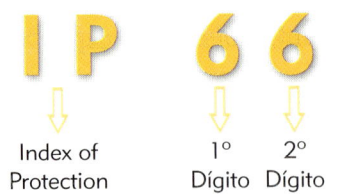

| Index of Protection | 1º Dígito | 2º Dígito |

*O Índice de Proteção é normatizado pela ABNT*

| TABELA PARA GRAU DE PROTEÇÃO PARA EQUIPAMENTOS ELÉTRICOS | | |
|---|---|---|
| **PRIMEIRO DÍGITO** | | |
| Dígito | Descrição | Proteção |
| 0 | Não protegido | Sem proteção especial. |
| 1 | Protegido contra objetos sólidos maiores que 50 mm. | Grande superfície do corpo humano como a mão. Nenhuma proteção contra penetração liberal no equipamento |
| 2 | Protegido contra objetos sólidos maiores que 12 mm. | Dedos ou objetos de comprimento maior do que 80 mm, cuja menor dimensão é maior do que 12 mm. |
| 3 | Protegido contra objetos sólidos maiores que 2,5 mm. | Ferramentas, fios etc. de diâmetro e espessura maiores que 2,5 mm cuja menor dimensão é maior que 2,5 mm. |
| 4 | Protegido contra objetos sólidos maiores que 1,0 mm. | Fios, fitsa de largura maior do que 1,0 mm, objetos cuja menor dimensão seja maior que 1,0 mm. |
| 5 | Proteção relativa contra penetração e contato a partes internas ao invólucro. | Não totalmente vedado contra poeira, mas se penetrar não prejudicará o funcionamento do equipamento. |
| 6 | Totalmente protegido contra penetração de poeira e contato a partes internas ao invólucro. | Não é esperada nenhuma penetração de poeira no interior do invólucro. |

| TABELA PARA GRAU DE PROTEÇÃO PARA EQUIPAMENTOS ELÉTRICOS | | |
|---|---|---|
| **SEGUNDO DÍGITO** | | |
| Dígito | Descrição | Proteção |
| 0 | Não protegido | Sem proteção especial. Invólucro aberto. |
| 1 | Protegido contra queda vertical de gotas de água. | Gotas de água caindo na vertical não prejudicam o equipamento (condensação) |
| 2 | Protegido contra queda com inclinação de 15º com a vertical. | Gotas de água não tem efeito prejudicial para inclnações de até 15º com a vertical. |
| 3 | Protegido contra água aspergida. | Água aspergida de 60º com a vertical não tem efeitos prejudiciais ao equipamento. |
| 4 | Protegido contra projeções de água. | Água projetada de qualquer direção não tem efeito prejudicial. |
| 5 | Protegido contra jatos de água. | Água projetada por bico em qualquer direção não tem efeitos prejudiciais contra o equipamento. |
| 6 | Protegido contra ondas do mar. | Água em forma de onda, ou jatos potentes não tem efeitos prejudiciais ao equipamento. |
| 7 | Protegido contra efeitos de imersão. | Sob certas condições de tempo e pressão não há penetração de água. Ex.: Inundações. |
| 8 | Protegido contra submersão. | Adequado à submersão contínua e sob condições específicas. Ex.: Equipamento submerso. |

Evidentemente que esta tabela serve para todos os equipamentos elétricos, o que o LED efetivamente é.

A importância de se conseguir um bom IP para instalar os LEDs é que, assim, poderemos utilizá-los em várias situações e sem alteração de seu funcionamento ou de sua vida últil.

## LEDs são frios

Um equipamento elétrico – como o LED – quando em funcionamento não pode fugir de certas determinações das leis físicas. Por exemplo: havendo uma passagem de corrente elétrica por um material e este produzindo luz é natural que haja aquecimento durante a operação. Como vimos neste livro, quanto maior a potência, a corrente, maior o aquecimento. Mas a grande e definitiva vantagem é que o aquecimento é dirigido naturalmente para a parte de trás, já que na faixa de luz ele é totalmente frio, não produzindo UV-ultravioleta, nem IR-infravermelho.

O aspecto principal é exatamente ter uma luz fria, sem IR e UV, de forma que podemos dirigir a luz dos LEDs para qualquer objeto sem prejudicá-los.

**Luz fria:** Destaco essa característica por ser, a meu juízo, uma das maiores vantagens dos LEDs. Em qualquer outro tipo de luz, seja natural ou elétrica – chamada também de artificial –, sempre há a emissão de UV e IR, em algumas mais (como nas metálicas) e em outras menos (como nas fluorescentes). E, quando se fala em lâmpadas de filamento, a emissão de IR, como sabemos, é particularmente intensa.

A iluminação de obras de arte e de vegetais sempre foi um problema pela radiação não controlada do calor, seja UV ou IR. Filtros especiais e outras artimanhas sempre foram utilizados no sentido de reduzir esse efeito danoso aos materiais. Felizmente hoje temos os LEDs, que, como falamos, podem ser instalados a pequenas distâncias dos objetos sem causar problemas.

Museus, vitrines de roupas especiais, jardins, vasos com flores podem contar com essa nova e maravilhosa luz sem calor chamada LED. É importante ressaltar que na parte inversa da luz, a emissão de calor é bem intensa e, por isso, vimos com muita atenção as formas de redução e gerenciamento desse aquecimento.

Temos de ter em mente que quando instalarmos um produto de LED, seja um módulo ou uma lâmpada de LED, chamada LampLED, o material utilizado para arrefecimento desse calor deve ser muito efetivo, pois não se pode apenas conduzir o calor para trás – como em parte faz a dicroica. É necessário garantir que a maior parte desse calor seja absorvida pelo dissipador de calor.

Como os fabricantes tradicionais têm feito um bom trabalho nesse aspecto, podemos instalar um LED numa prateleira de um armário sem que o calor seja conduzido para a madeira ou outro material utilizado na fabricação do móvel, numa distância bem menor que as dicroicas, por exemplo. Isso melhora em muito a utilização de iluminação em pequenos espaços, nichos, armários, gôndolas, etc.

# Eficência luminosa – consumo de energia

É muito comum se falar que LEDs são extremamente econômicos, pois eles efetivamente são. Mas – e há sempre um mas – a eficiência estará dependente do tipo de LED que estaremos utilizando.

Quando usamos LEDs de alta *performance*, podemos conseguir até mais do que 150 lm/w. Ou seja, 150 lumens produzidos por apenas um watt consumido. E é bastante razoável imaginar que, no momento em que esteja sendo lida esta parte do livro, já tenhamos LEDs com mais de 200 lm/w, já que a evolução é constante e rápida na pesquisa dessa nova tecnologia.

Atualmente, na iluminação geral, os LEDs utilizados estão na faixa de 55 lm/w, chegando, em alguns casos, a mais de 100 lumens por watt. Na maior parte dos produtos hoje disponíveis, podemos falar em 55 até 70 lm/w.

Enfatizamos mais uma vez que esses parâmetros mudam rapidamente; por isso, não estranhem se, ao lerem esta obra, os números indicados parecerem coisa de um passado distante. Isso acontecendo, basta que substituam os números indicados pelos que estarão sendo oferecidos em sua temporalidade.

Há no mercado produtos de LEDs que não conseguem ter uma boa eficiência luminosa, trabalhando com menos de 20 lm/w. E isso acontece porque alguns fabricantes sem compromisso com a qualidade da luz oferecida utilizam LEDs de baixa eficiência que beiram, numa comparação simplificada, aos LEDs radiais, de sinalização.

> Pesquisar produtos de qualidade, ler catálogos e sites, saber a procedência dos produtos são instruções que servem para qualquer equipamento. E elas ficam potencializadas quando se trata de novas tecnologias, como é o caso atual dos LEDs. Sempre haverá alguém produzindo algo pior para poder vender mais barato. Cuidado!

Quando comparamos um produto de LED com lâmpadas de filamento, como as halógenas, notamos uma grande diferença em termos de eficiência. Enquanto a halógena fica por volta de 15 a 20 lm/w, os LEDs chegam normalmente e sem muito esforço a 55 - 70 lm/w. E, como vimos, podem ultrapassar 150 lm/w.

Para comparação normal, temos de imaginar o que é utilizado atualmente e que fica na faixa de 70 lm/w. Assim pensando, notaremos que, ao comparamos com uma lâmpada de descarga, tipo fluorescente, essa eficiência energético-luminosa pode não ser muito vantajosa. Nesse caso, teremos que analisar outros aspectos, como miniaturização, durabilidade, etc.

Conforme a cor do LED há uma eficiência. Os LEDs vermelhos são os que mais luz emitem por watt consumido.

Para um entedimento mais claro, segue uma tabela em que estão as principais fontes de luz e suas eficiências luminosas, com uma linha de tempo para melhor entendimento dessa evolução – notamos à direita a evolução específica dos LEDs:

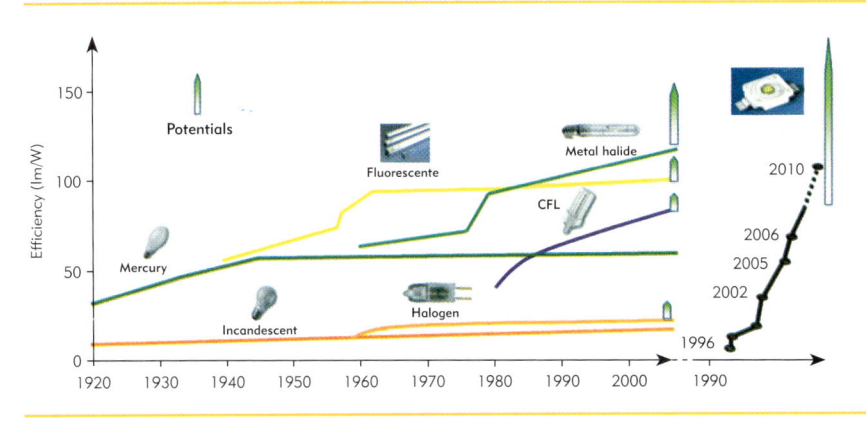

*Eficiência energética de fontes luminosas: eficiência e benefícios técnicos são fatores importantes em iluminação*

| EFICIÊNCIA LUMINOSA DE DIFERENTES FONTES | |
| --- | --- |
| Standard Incandescent | 7 - 10 lm/W |
| Halogen | 15 - 20 lm/W |
| Fluorescent | 60 - 100 lm/W |
| Compact Fluorescent | 50 lm/W |
| Metal Halide | 70 - 110 lm/W |
| High Pressure Sodium | 100 - 120 lm/W |
| Low Pressure Sodium | 170 lm/W |

**A LED can keep up with almost all white light sources (sodium lamps only emit yellow light). Including optical efficacies, LED are even as good as fluorescents!**

Conveniente ressaltar que os LEDs obedecem a certas regras imutáveis, incluindo-se nesse caso a eficiência luminosa. Ou seja, maior quantidade de luz será determinada por maior corrente, que resultará numa maior potência – consumo.

Cada tipo de LED terá valores diferenciados para a comparação:

**Maior fluxo luminoso = maior corrente = maior potência.**

A eficiência do LED é também função de suas características de luz miniaturizada e pontual. Podemos notar isso na figura que segue, em que a luz dos LEDs é praticamente toda lançada no ambiente, enquanto que num sistema com fluorescentes, por exemplo, há vários tipos de perdas de luz.

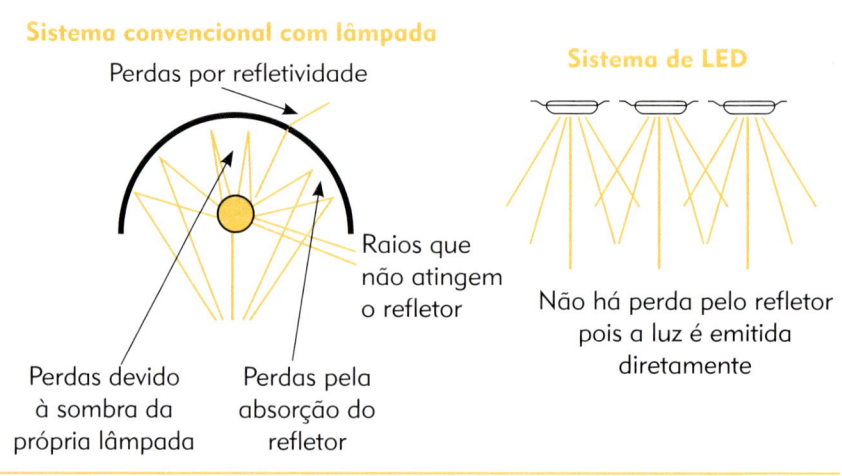

*Eficiência ótica / sistema: o que importa é a eficiência total do sistema, não apenas lm/W da fonte de luz*

A luz dos LEDs é mais eficiente quando se considera o sistema total, incluindo perdas de luz.

Como vimos antes, há um componente muito importante na eficiência dos LEDs, que é justamente o equipamento auxiliar que os faz funcionar, a fonte, também chamada de *driver*. Quando instalamos um transformador comum num LED, ele pode acender, mas, como sempre em iluminação, acender é uma coisa, funcionar é outra bem diferente. Funcionar é respeitar as características da fonte de luz, sua vida útil e seu rendimento luminoso, inclusive.

Para o funcionamento de um LED com eficiência, temos de instalar fontes que sejam para eles indicadas pelo fabricante. Fonte de qualidade e devidamente especificada produzirá no LED a luz que foi dimensionada em sua fabricação e o conduzirá à eficiência definida no catálogo ou embalagem – sejam fontes de tensão ou fontes de corrente.

## Conversão da energia em luz

Os LEDs têm uma boa conversão de energia em luz. São mesmo bem eficientes, especialmente quando comparados com as lâmpadas incandescentes. Vejamos a figura a seguir:

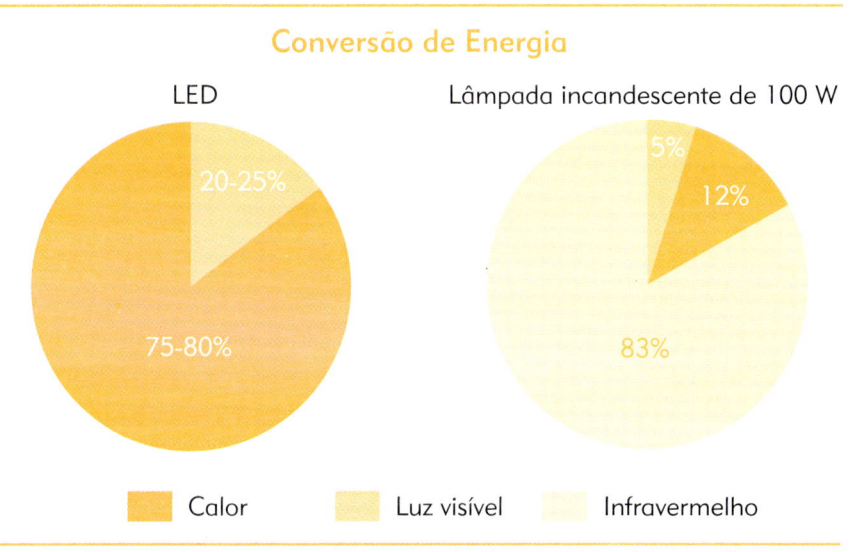

Energia elétrica é convertida em calor, luz visível e infravermelho

# Definição real da vida útil

A vida, ou durabilidade, de um LED, além das variáveis que já vimos, tem um parâmetro essencial para que não se compre gato por lebre.

Precisamos saber, para a utilização que esse LED terá, qual a nossa expectativa de iluminação mínima, considerando que todo o tipo de luz tem seu fluxo luminoso depreciado com o tempo. Nos LEDs não é diferente, apenas acontece em intervalos de tempo maiores.

Podemos comprar um produto de LED, seja um módulo ou uma lâmpada, e na embalagem estar escrito que dura em média 25.000h – 25 mil horas. Esta será apenas uma informação inicial, pois o que devemos saber é em que nível de iluminamento – quantidade de luz útil – foi definido pelo fabricante esse parâmetro, essa durabilidade de 25 mil horas.

Sempre que estiver indicada a durabilidade em horas, deverá ser informado o nível de depreciação de luz. L50, L70?

– **L50** – Significa dizer que quando o fluxo luminoso atingir 50% do inicial, será a medida da vida útil da fonte de luz. Passado o número de horas determinado na embalagem, estará com metade do fluxo luminoso inicial.

– **L70** – Significa dizer que, após o número de horas determinado na embalagem, estará ainda com 70% do fluxo luminoso inicial. Em iluminação geral, é o parâmetro mais usado

Para ficar mais claro, se um produto de LED indicar que sua vida é de 50.000h para L50, será uma vida útil inferior a de um LED que indicar 50.000h para L70.

Quando se tratar de iluminação de segurança, o nível deve ser de 80%, ou seja, L80.

Até o fechamento desta edição, esses parâmetros ainda estavam em fase de normatização no Brasil e espero que não demore muito.

# Principais vantagens dos LEDs

*Pequenos na forma, gigantes no efeito*

A seguir descreveremos um resumo das principais vantagens e características dos LEDs, para que, quando de sua utilização, possamos saber tudo que pode interferir no seu perfeito funcionamento:

## Dimensões reduzidas

Possibilidade de utilização em luminárias mais compactas, naquele conceito tradicional dos projetos de iluminação, em que deve aparecer a luz, e não a fonte que a origina. A luz é o efeito que ilumina, modifica espaços, cria emoções, embeleza, encanta. E é, em uma análise superior, um sinônimo de vida melhor.

## À prova de vibração

Enquanto que nas demais lâmpadas o efeito da vibração reduz sua vida e complica seu funcionamento, os LEDs, não sofrendo com esse efeito, têm seu desempenho melhorado e sua vida útil aumentada consideravelmente. É fácil de entendermos o porquê disso, já que, não tendo filamento e funcionando num chip muito reduzido, micro mesmo, os impactos vibratórios não têm como o atingir. Os projetistas de iluminação e os consumidores agradecem por essa característica, que é fundamental numa fonte de luz.

### Excelente saturação de cor

Como vimos anteriormente, conforme o elemento que formará a luz, o LED emite um comprimento de onda, gerando essa luz numa frequência determinada e específica. Consequentemente, em uma única cor de luz, por isso mesmo saturada. Ou seja, mais pura. O vermelho é bem vermelho, o azul é bem azul, e assim ocorre com todas as cores – não se esqueça de que o branco é conseguido por artifícios técnicos.

### Luz direcionada

O que poderia ser uma desvantagem, quando corretamente utilizado se converte em vantagem. Sendo a luz direcionada, há um melhor aproveitamento dessa luz dirigida, que na sequência pode ser melhor para o ambiente com a utilização de óticas específicas.

### Vida muito longa

É uma das mais marcantes vantagens dos LEDs, pois reduzem a necessidade de trabalho de manutenção, promovendo economia e preservação do meio ambiente.

### Liga/desliga ilimitado

Ao contrário das lâmpadas de descargas – que também são econômicas e de vida relativamente longas – os LEDs não sofrem interferência em sua vida pelo ligar e desligar. Enquanto que uma lâmpada fluorescente, por exemplo, tem um número determinado de acendimentos em sua vida, os LEDs podem ser ligados e desligados um número indeterminado de vezes que isso não alterará sua vida útil. Nas fluorescentes, recapitulanto, quanto maior o número de reacendimentos menor será sua durabilidade e, em sentido contrário, quanto menos for ligada e desligada, maior será sua vida útil.

O limite operacional – liga/desliga – estará subordinado apenas aos equipamentos auxiliares que, por serem componentes elétricos, se deterioram com o tempo e com as operações repetidas. O LED em si não tem limite de operações.

## Sem radiação UV e IR

O fato de os LEDs produzirem luz fria possibilita utilizá-los em várias situações que até o seu surgimento eram impossíveis ou requeriam, para que se fizesse uma iluminação eficiente, mirabolantes técnicas e truques para que a luz não prejudicasse o que estava iluminando. Maior exemplo são os museus, uma vez que tanto o UV como o IR são radiações que prejudicam os objetos iluminados.

Como os LEDs não produzem essa radiação na faixa de luz, podemos iluminar obras de arte a curta distância, considerando ainda os efeitos de calor, que antes eram impeditivos.

Os artistas e pesquisadores do presente e do passado agracem muito a essa revolucionária fonte de luz fria.

## Altíssima eficiência luminosa

Falar de eficiência luminosa é quase redundância, já que essa é, na origem, a principal vantagem dos LEDs quando comparados a fontes tradicionais de luz. Eficiência luminosa e LEDs são irmãos gêmeos univitelinos. Afinal, toda pesquisa e desenvolvimento dos LEDs tiveram como alvo a criação de luz mais eficiente que as fontes tradicionais. A busca continua por LEDs ainda melhores, tanto na quantidade luz emitida quanto nos conceitos de IRC e TC.

# Os LEDs
# e a ecologia

*A Vida merece a luz dos LEDs e agradece*

Muito se tem falado sobre o impacto ambiental dos produtos de iluminação, sobre o que poderiam causar ao meio ambiente, havendo inclusive muitas atitudes equivocadas e leis criadas de forma demagógica e politiqueira. Houve determinações dadas e decisões tomadas sem conhecimento técnico suficiente.

Os LEDs passam longe do que estou falando e isso ficará claro na sequência. Mas as demais fontes de luz têm, sim, impactos nocivos ao meio ambiente, algumas delas em grande escala.

No meu livro *Iluminação: simplificando o projeto*, abordei que foi um erro a proibição das lâmpadas incandescentes com a alegação simplista e até simplória de que afetam o meio ambiente e causam efeito estufa em face da emissão de calor que é inerente às lâmpadas de filamento. Proibiram-se as incandescentes e quais as lâmpadas que as estão substituindo e em larga escala? As lâmpadas fluorescentes compactas, conhecidas como "lâmpadas econômicas ou eletrônicas".

Quem trabalhou para a proibição das incandescentes não pensou que elas têm um descarte simples, pois são basicamente vidro e metal, enquanto que suas sucessoras – as compactas fluorescentes – são de difícil e, ouso escrever, de quase impossível descarte. Isso se considerarmos à luz da razão o que e como deve ser feito. Vejamos como deve ou deveria acontecer o descarte e a reciclagem, independentemente de leis contraditórias e leigas, com pose de legais, visto que são leis.

## Logística direta

O fabricante fornece as lâmpadas bem embaladas, que chegam ao consumidor – através dos canais de distribuição – sem problemas, pois estão protegidas para que a quebra não ocorra. E, quando ocorre, é em eventuais acidentes ou incidentes provocados por mau manuseio de caixas e embalagens.

## Logística reversa

Depois de utilizadas as lâmpadas fluorescentes, elas devem ser recicladas. Para tanto, devem ser conduzidas às empresas recicladoras, que fazem a separação do material metálico e o vidro do mercúrio – que, sabemos, é um metal pesado e danoso ao meio ambiente.

O problema é que, para chegar até essas empresas recicladoras, há todo um caminho de volta, que constitui a chamada "logística reversa", em que as lâmpadas devem ser recebidas em algum local. Deveria ser a loja onde a lâmpada foi comprada a responsável por colocá-la numa embalagem adequada e, depois de acumular uma boa quantidadade de lâmpadas, chamar o transportador, que levaria a carga para a empresa de reciclagem.

Escrevo no condicional porque não é isso que ocorre atualmente. As providências para resolver esse assunto estão sendo tomadas por quem nada conhece, e tenta criar leis paradoxais e inexequíveis. De nada adianta criar uma lei sem dizer como ela deve ser seguida, obedecida, bem como as formas de conseguir que isso ocorra.

Na verdade, tratam lâmpadas – objetos muito frágeis – como se fossem pilhas e baterias, que podem facilmente ser jogadas em quaisquer locais, como caixas, tonéis, etc.

# Como fazer então?

A reciclagem de lâmpadas requer algumas etapas e especialmente uma campanha muito forte de conscientização da população, pois há procedimentos que devem ser seguidos pelos consumidores:

– Ao instalar uma lâmpada fluorescente ou qualquer outra que tenha mercúrio, a embalagem da lâmpada nova deve ser reutilizada para colocar a lâmpada usada. Assim reduziremos o risco de quebra quando da entrega no local de descarte.

– Essa lâmpada, devidamente embalada, deve ser entregue em locais determinados e que uma lei decente deveria indicar. Seriam, por exemplo, centros de coletas de lâmpadas distribuídos por toda a cidade ou, numa hipótese mais simples, na própria loja onde se comprou a lâmpada nova.

– *A Lei deve proibir o consumidor de levar a qualquer loja, pois isso é injusto para empresários, que teriam de se preparar para uma atividade adicional e não remunerada, quando implícito está na atividade comercial o lucro, a remuneração pelo trabalho.* Receber uma lâmpada usada quando da compra de uma nova, acho justo. Nesse caso, o empresário e sua loja estariam prestando um serviço ao seu cliente, em contrapartida pela preferência de comprar no estabelecimento.

– Esses locais de recebimento (descarte) acumulam uma determinada quantidade de lâmpadas e as encaminham às recicladoras, que cobram uma taxa por esse serviço.

– A loja que vende a lâmpada já pode e deve incluir no preço de venda uma taxa referente a esse descarte para reciclagem

– A recicladora transporta as lâmpadas para sua empresa, separando e reciclando os materiais, encaminha-os aos fabricantes das lâmpadas e outras destinações.

– O problema é que os órgãos ambientais exigem autorização para a carga ser transportada e o DNIT precisa autorizar esse transporte, por considerar o mercúrio carga tóxica.

– Em sentido contrário, na hora do transporte da lâmpada nova, para ser vendida, não há essa exigência de autorizações desses órgãos. Penso nem devesse haver, apesar de que há movimentações nesse sentido – para que lâmpadas que contenham mercúrio sejam transportadas separadamente.

Há muitas outras variações e providências para o bom descarte e a reciclagem de lâmpadas com mercúrio, sendo maior a quantidade de fluorescentes. Mas o básico dessa equação está registrado anteriormente, até porque mencionei novamente o assunto para enfatizar a importância dos LEDs no aspecto ecológico. Entretanto, a meu ver, *quanto mais exigências os órgãos ambientais fizerem, incluindo o DNIT no tocante ao transporte de lâmpadas usadas, mais lâmpadas serão jogadas no lixo comum. Nesse caso, o excesso de remédio se torna veneno; o que deveria ser solução se transforma num problema maior ainda, infestando os lixões e contaminando o meio ambiente.*

O que realmente penso não ser uma boa solução é simplesmente aprovar uma lei determinando que os fabricantes sejam responsáveis pelo recolhimento (descarte/reciclagem) das lâmpadas, sem que essa lei aborde como será feita essa logística reversa. É essencial considerar os problemas que possam impedir o cumprimento dessa mesma lei.

Penso, como escrevi no Livro *Iluminação: simplificando o projeto*, que a melhor solução para reciclagem é através das empresas recicladoras, que são especialistas, preparadas para essa função, bastando que se eduque e conscientize a população. Também se torna necessário simplificar o processo de recolhimento e transporte, para que tudo se ajeite, sendo apenas uma questão de tempo.

É nesse aspecto ecológico que reside outra vantagem extraordinária dos LEDs em relação às lâmpadas tradicionais: eles têm características insuperáveis de sustentabilidade. Vejamos:

– **Substâncias tóxicas** – Os LEDs são fabricandos sem utilização de metais pesados como o mercúrio.

– **Tamanho** – Reduzido, podendo ser jogados em qualquer recepiente de pequeno tamanho.

– **Manutenção** – Em face de sua durabilidade, o ciclo de trocas é bem mais demorado, de maneira que menos material será descartado.

- **Inquebrável** – Ao contrário de uma lâmpada fluorescente, o LED pode ser manuseado com facilidade, pois não tem materiais frágeis, como tubos de vidro, que possam quebrar facilmente.

- **Transporte** – Por serem pequenos, ocupam pouco lugar nos veículos, podendo ser transportados mais produtos com menos viagens, ocasionando menos consumo de combustível e menor poluição.

Por tudo que escrevemos, fica bem claro e definido que os LEDs representam, efetivamente, uma fonte de luz rigorosamente *dentro dos pincípios de sustentabilidade, em plena harmonia com a ecologia, com a natureza.*

# Obras e projetos

Neste capítulo, poderíamos colocar uma infinidade de fotos com projetos maravilhosos em que foram utilizados LEDs. Penso, porém, que ficaria um tanto quanto cansativo ficarmos olhando figuras e mais figuras, uma vez que podemos acessar os sites dos fabricantes de LEDs e vermos detalhes desses projetos.

Também não colocar fotos de projetos é tentar preservar o livro do aspecto obsolescência, pois um projeto ultramoderno que eu colocasse aqui, em pouco tempo poderia ser algo que fosse totalmente ultrapassado. Temos que lembrar que estamos tratando de LEDs, tecnologia nova e em flagrante crescimento. Essa é uma das razões para eu ter me fixado mais nos conceitos e nas características dessa inventiva fonte de luz.

Como toda a regra tem exceção, para confirmar que é realmente regra, colocarei uma obra e apenas uma, escolhida por ser a mais emblemática no Brasil e também no mundo, por sua representatividade universal. Penso que o leitor já deve imaginar qual seja e, se ainda não sabe, descobrirá em seguida. Fiquem, pois, de braços abertos para receber as imagens desse monumento, que aparecerá num capítulo específico, abrilhantando e abençoando como uma divina luz este meu sétimo livro.

Mas, por outro lado, o que realmente não posso deixar de enfatizar é que projetar um ambiente com LEDs é trabalho semelhante ao de se projetar com lâmpadas tradicionais, pois, guardadas as exceções e proporções, na prática vamos usar um produto de LED onde usaríamos uma lâmpada tradicional refletora, fluorescente, metálica, etc.

A diferença maior será quase sempre a favor do projetista, porque, com a utilização de LEDs, temos vantagens que já foram devidamente abordadas neste livro, como ausência de calor na faixa de luz, maior eficiência luminosa e outras tantas.

Preciso ressaltar, porém, que o LED tem uma grande vantagem adicional, ainda não citada suficientemente, que é a possibilidade de dimensionar com exatidão a quantidade e o tipo de luz que queremos. Isso porque os LEDs são dimeráveis, capacidade que se soma à possibilidade de trocas de cores (RGB). Um belo projeto com metálicas, por exemplo, é estático, pois são muito raros e caros os reatores eletrônicos dimerizáveis para metálicas. Já o LED trabalha com a dimerização de forma normal e simples, uma vez que tem componentes para essa função em muitos de seus tipos.

Atualmente – e cada vez isso será mais real –, para cada tipo de lâmpada tradicional temos ou teremos em seguida uma "lâmpada" de LED, cabendo a quem vai projetar o ambiente o trabalho de verificar junto ao fabricante do LED, seja uma LampLED ou um módulo de LED, quais as característica fotométricas daquele produto.

Onde o projetista utilizava uma dicroica de 50W, com abertura de facho de 38°, terá que procurar um LED que tenha essas mesmas características. Felizmente, com a pesquisa sobre esses produtos e essas novas tecnologias, os LEDs apresentam um crescimento constante nos aspectos IRC e temperatura de cor, conforme estudamos em capítulo anterior.

Que sejam bem-vindos todos os produtos de LEDs de alta *performance*, pois a utilização crescerá. E, crescendo, aumentará a produção e o consumo, produzindo um efeito muito benéfico e esperado, que é a redução de custo em função da chamada "economia de escala".

O aspecto no qual temos de ter muito cuidado é em saber o que exatamente estamos comprando e instalando, para podermos privilegiar a QUALIDADE. Os riscos de utilização de LEDs de baixa qualidade serão um complicador em toda essa cadeia que falei. Usando apenas produtos de qualidade, estaremos construindo um ciclo virtuoso, que desencadeará toda essa espiral positiva de crescimento de eficiência e redução de preços. Por isso, atenção, pois quem especifica e instala produtos é corresponsável pela maior ou menor velocidade na aplicação saudável dos LEDs e, pelos motivos já citados, pela consequente redução dos custos e preços de venda.

# Preocupação com a saúde

*"Saúde é o que interessa, o resto não tem pressa."*

PAULO CINTURA (Personagem de Paulo Cesar Rocha
na Escolinha do Professor Raymundo)

Como enfatizamos em todas as oportunidades, seja em livros, aulas ou palestras, toda a luz traz para o ser humano grandes benefícios, mas também pode trazer algum componente que prejudique sua saúde.

As **fluorescentes** e outras lâmpadas de descarga usam metais pesados em sua composição e fabricação – já falamos nos prejuízos que podem trazer à população quando seu descarte e sua reciclagem não são tratados adequadamente.

As lâmpadas de filamento, como **incandescentes** e **halógenas**, parecem ser inofensivas à saúde por não utilizarem metais pesados como o mercúrio em sua fabricação, mas têm no seu espectro radiações UV e IR (ultravioleta e infravermelho), que se não controladas de forma eficaz podem ser, sim, prejudiciais à saúde humana. Para ficar num exemplo prático e simplificado, podem queimar a pele das pessoas por excesso de exposição em alta concentração por proximidade ou intensidade. Coloque a mão perto ou a encoste em uma incandescente ou halógena e a queimadura será real e imediata.

A **luz natural (sol)** evidentemente tem os mesmo riscos que as lâmpadas de filamento, pois estas o imitam em seu fucionamento e em boa parte de seu espectro. Trocando a primeira palavra da frase famosa, "queimaduras acontecem".

Considerando que a luz, seja natural ou elétrica, tem sempre um componente que pode prejudicar de alguma forma a saúde, surge o questionamento sobre como o LED se comporta em relação aos seres vivos e à sua saúde.

Tirando a parte do calor, que não está presente na faixa da luz, mas vai totalmente para trás, analisemos então apenas a parte luminosa do LED sobre as pessoas. Nesse caso, amigo leitor, eu não tenho notícias objetivas para lhe dar, visto que, como elemento de iluminação de ambientes, o LED é algo novo, muitos estudos ainda estão sendo feitos e não dá para dizer que sua luz é totalmente inofensiva ao ser humano.

Tem-se a sensação de que seja muito menos prejudicial em função da não emissão de UV e IR, mas não podemos descartar que em algum estudo possa aparecer determinado efeito ainda não definido ou conhecido.

No 2º LED Fórum, realizado em São Paulo em agosto de 2011, esse tema chegou a ser colocado para a plateia. Ou seja, não há ainda nada que indique que o LED de potência – para iluminação de ambientes – tenha algum componente prejudicial às pessoas, mas também não está descartada essa hipótese.

Por tudo que se sabe até agora, porém, a luz do LED traz imensos benefícios para as pessoas e não dá para ficarmos procurando "pelo em ovo", tentando achar defeitos numa fonte de luz tão eficiente e versátil como é o LED. Na pior das hipóteses, a de que venha a ser descoberto algum prejuízo no futuro, muito dificilmente se comparará aos malefícios das demais fontes de luz, nas quais podemos incluir o nosso grande Rei Sol, com sua potente radiação UV e IR.

Há estudos já comprovados de tratamento de câncer de pele com a luz de LED. Ou seja, por enquanto o que temos é o LED ajudando a medicina e na saúde das pessoas, e não o contrário.

Como nosso foco é estudarmos a luz e sabemos que o LED emite em seu espectro luz sem IR e UV, temos que admitir que se bem não fizer para as pessoas, mal não fará e podemos utilizá-los sem o menor temor. Até porque a tendência é de que seja efetivamente a menos prejudicial das fontes de luz e com imensos benefícios já definidos.

# OLEDs: LEDs orgânicos

*A Química Orgânica nos LEDs*

Um produto que é uma variação dos LEDs, sendo inovador em sua forma de fazer luz e que pode criar projetos futurísticos, belos e funcionais por oferecer possibilidades de muita flexibilidade no seu uso: esse é o OLED, ou Led Orgânico.

Eles foram descobertos em 1990 por dois pesquisadores norteamericanos e um japonês – que dez anos depois ganhariam o prêmio Nobel de Química pelo feito. Os OLEDs prometem substituir, com diversas vantagens, as telas atuais de LCD e plasma – e também podem ser usados na iluminação de ambientes no lugar de lâmpadas tradicionais e dos inovativos LEDs, objetos principais desta obra.

Tanto os LEDs como os OLEDs são dispositivos eletroluminescentes, que emitem luz quando expostos a uma fonte de energia elétrica. A diferença é que, em vez de serem feitos com materiais semicondutores inorgânicos, os OLEDs são feitos de polímeros, moléculas à base de carbono.

## Funcionamento do LED orgânico

Vimos anteriormente que um LED produz luz a partir de um semicondutor que utiliza elementos da tabela periódica, aquela que aprendemos na Química Geral. E cito essa matéria escolar para termos um entendimento mais facilitado.

Os OLEDs (LEDs Orgânicos) utilizam, em vez desses elementos, o carbono. Nos bancos escolares, aprendemos que a Química Orgânica é a química do carbono e assim também se dá na formação de luz nos LEDs orgânicos. Ou seja, isso contece com a utilização de moléculas de carbono.

No interior de um OLED, a luz é gerada quando um elétron atinge uma camada finíssima de materiais orgânicos que possuem propriedades semelhantes às dos materiais semicondutores (que são inorgânicos). O choque do elétron causa a emissão de um fóton. O problema é que o fóton é disparado paralelamente à camada de material orgânico, e não na perpendicular. Para "escapar" de dentro do LED Orgânico, o fóton deveria "caminhar" na vertical, na direção de quem olha para o dispositivo.

## OLED: estado de arte

O aumento na eficiência dos OLEDs foi conseguido combinando-se uma espécie de rede feita de materiais orgânicos (contendo carbono) funcionando em série com minúsculas microlentes que guiam para fora a luz que normalmente ficaria presa lá dentro. A rede reflete a luz, enviando-a na direção da lente de formato hemisférico, que se encarrega de dirigi-la para fora do OLED.

Essa nova tecnologia tem custo elevado, e os pequisadores estão buscando a produção de OLEDs eficientes com custos mais baixos.

Analisando essas informações, temos que concluir que tudo isso é muito bonito, muito técnico, mas o que nos interessa, na prática, é qual o impacto que essa tecnologia causará na iluminação de ambientes. Afinal, essa é a nossa expectativa e esse nosso foco principal, já que para iluminação de telas de computadores e televisores é bem fácil de entender sua utilidade.

A grande vantagem dos OLEDs é que são flexíveis, como se fossem uma película. Na verdade, são películas luminosas, podendo ser articulados e dobrados em curva, possibilitando assim várias formas para se aplicar nos ambientes.

Teto formado totalmente com LEDs orgânicos é uma alternativa já realizável em ambientes. Também podem ser aplicados em paredes, que se tornariam a própria luz.

Imagine uma parede que seja ao mesmo tempo divisória, tela de projeção de TV e do computador, que possa ficar indevassável, transparente, colorida em várias cores, ou numa só cor, e tantas outras possibilidades que uma película que emite luz pode proporcionar. Essas são algumas das inúmeras possibilidades dos OLEDs.

Em nossa saga de ensinar a iluminar ambientes, de tratar com profissionais da luz de todas as estirpes, ficamos a pensar que em sua maioria são sonhadores – ou melhor, realizadores de sonhos. E então concluímos que muitos dos sonhos de todos nós, profissionais da luz, podem ser realidade a partir dos OLEDs transformando-se em sonhos de luz, tangenciando e até imitando a ficção científica dos filmes de nossas vidas.

Os OLEDs, devido a essa dificuldade de extração da luz, ainda são menos eficientes que os LEDs, mas, salvo melhor juízo, são ainda mais dinâmicos em possibilidades. Já existe, porém, uma miniaturização dos LEDs de tal magnitude que os próprios LEDs "tradicionais" formam e formarão placas tão delgadas que possibilitarão – e já possibilitam – a dobra em curva. Isso significa, em termos de flexibilidade, poderem fazer o trabalho que hoje os OLEDs fazem. Nessa área de tecnologia de LEDs e OLEDs não há limites previsíveis e temos que estar muito atentos às novidades que chegam a cada dia.

Repito que a tendência é de que, em futuro próximo, haja a expectativa de que a parede de nossa casa seja multifuncional, da luz que ilumina o ambiente até a tela de cinema (*home theater*). O futuro dos filmes de ficção científica de nossa infância – ou da infância dos pais de quem tem pouca idade – já está se tornando o presente, em termos de teconologia da luz e seus efeitos. Quando escrevo isso, lembro que no famoso filme *cult Blade Runner: o caçador de androides* as paredes dos prédios eram uma profusão de imagens e luzes e, na época, nem de longe pensávamos que isso seria realizável com muita brevidade. Hoje os LEDs e OLEDs são a materialização daquela ficção.

A velocidade de inovação de tecnologias é tão grande que, ao ler este livro, muito do que está escrito pode já ser considerado coisa do passado. O livro não perderá o seu valor em conteúdo, pois não podemos ter futuro sem ter e conhecer o passado, mas uma coisa é bem real nesse tema e em muitos outros de nossa vida: ***O futuro** é cada dia mais **presente.***

# Ambientes iluminados com LEDs

*Mesmos ambientes, uma nova luz*

Neste capítulo, descreverei alguns locais e ambientes em que a iluminação com LEDs já é realidade, especialmente para se ter um registro histórico e didático de como a utilização dessa nova tecnologia de "luz em estado sólido" aconteceu, acontece e certamente acontecerá.

Como nosso assunto principal é iluminação de ambientes, deixarei de citar a utilização de LEDs radiais – de sinalização, que como já vimos remonta há décadas como indicadores de aparelhos ligados e desligados e outras aplicações nessa linha. Nosso foco se manterá em LEDs de potência para iluminação geral, que apareceram para substituir as lâmpadas e os equipamentos tradicionais de iluminação.

Então, vamos em frente nesse caminho de luz, olhando para os lados, para trás e para frente, constatando tudo o que foi, o que é e o que será iluminado com essa nova – já não tão nova – tecnologia chamada SSL (*Solid State Light* ou luz em estado sólido).

## Automóveis

A indústria automotiva foi bem ágil na busca de aplicações em seus produtos. Como o LED é garantia de luz de longa duração com baixo consumo de energia e considerando que as baterias teriam maior durabilidade e mais autonomia e, ainda, num efeito importantíssimo, menos corrente elétrica, uma vez que LEDs operam com correntes mínimas, normalmente abaixo de um ampère –, a opção de uso se tornou óbvia. Ou seja, esse conjunto de virtudes elétricas e luminosas fez com que o uso em veículos fosse buscado e potencializado. Assim aconteceu.

Primeiramente, os LEDs substituíram as lâmpadas dos painéis dos veículos, já que era o local em que as menores incandescentes e algumas halógenas eram aplicadas sem grande exigência de potência e quantidade de luz.

Num segundo momento, outras partes dos carros foram tendo instalados os LEDs em substitiuição a lâmpadas de filamento, como luz de teto, luz de cortesia, luz de placa, lanternas traseiras, luz de freio, pisca indicador de direção e pisca alerta. E a substitução foi sendo feita num tempo bem curto, em se tratando de evolução de equipamentos, até que chegaram aos faróis.

Possivelmente, quando o querido leitor estiver lendo esta parte do livro, poderá ter um automóvel totalmente iluminado com luz dos LEDs, incluindo faróis de milha, faróis de neblina, luz alta e luz baixa.

Uma grande vantagem dos LEDs nos veículos é que nos locais onde eles são instalados há muito material plástico, que é sensível a radiação ultravioleta. E, como a radição UV nos LEDs é zero, as lanternas e os faróis se mantêm com suas características inalteradas. Ou seja, o nível de iluminamento por reflexão dessas partes se manterá praticamente estável até o final da vida do LED.

Atualmente, com lâmpadas de filamento e até mais com as de xenon, as partes plásticas sofrem muita radiação e perdem refletividade e outras características da luz originalmente projetada.

Agrega-se a esses fatores um outro muito significativo, que é o de não possuir filamento, que num veículo é causa normal de queima das lâmpadas em função da trepidação que um carro tem ao andar nas ruas e estradas. Quanto maior for a irregularidade das estradas maior será, ou era, a troca de lâmpadas por rompimento do filamento. Com os LEDs, esse efeito danoso à boa iluminação não ocorre.

Há outras vantagens luminotécnicas, como, por exemplo, a maior concentração de luz, que permite um facho mais bem definido e preciso e menos ofuscamento. Como a ideia é de fazer um registro do uso de LEDs na indústria automotiva, fica dado o recado e, como sempre, qualquer dúvida ou informação adicional basta fazer contato – que é algo que sempre me alegra – e atenderei com muito prazer, independentemente do segmento da iluminação. Quem já leu meus livros anteriores sabe que assim é.

Numa única frase, LEDs são uma solução excelente e eficaz para a iluminação automotiva.

## Iluminação cênica

Quero crer que o setor que mais rapidamente aderiu à iluminação com LEDs foi justamente esse em que se incluem shows, teatro, cinema, televisão, casas noturnas e festividades que utilizam shows de luzes, como inaugurações, comemorações e grandes eventos.

Lembro de pronto que há mais 20 anos assisti ao primeiro show do Paul Mcartney no Brasil (Rio de Janeiro) e recentemente assisti ao mesmo show dele, em Porto Alegre (Estádio Beira-Rio). Falei "mesmo show" por ato falho, pois apenas a maioria das músicas era igual, mas com arranjos atualizados. No tocante a luzes, porém, quanta diferença. Enquanto que no Rio foram usadas lâmpadas de filamento e alguma coisa em lâmpadas de descarga, na capital gaúcha toda, ou praticamente toda, a iluminação foi feita com LEDs, incluindo as gigantescas telas de projeção com as imagens do próprio show.

Uma estupenda vantagem dos LEDs nesses megaeventos é o baixo consumo de energia, pois há detalhes que nem passam pela cabeça de muitos que assistem a esses grandes espetáculos. Por exemplo, a energia não pode faltar. Para que isso não ocorra, a falta de energia, são instalados sistemas *no break* com geradores próprios de energia. Ora, uma coisa é se ter um grupo gerador de energia para uma iluminação com LEDs e outra é para iluminação com lâmpadas de filamento. O consumo energético no caso dos LEDs, como já vimos, é próximo de apenas 20 a 25% em relação a lâmpadas de filamento.

Houve em tempo em que fui presidente de um clube social em Porto Alegre, o Clube Comercial Sarandi. E lembro que, na hora de instalar os equipamentos de luz e som, as equipes tinham que "pegar" energia diretamente do quadro de entrada, pois a potência era muita alta e, se assim não fizessem, caía a energia no meio do embalo da festa e daí decorriam todos os problemas que se possa imaginar. Atualmente, esses equipamentos são todos com LEDs, ou seja, a ligação elétrica é feita na rede normal do clube, visto que a potência é substancialmente mais baixa, pelos motivos já citados.

A iluminação cênica só não avançou mais rapidamente no uso dos LEDs porque não havia, inicialmente, LEDs que garantissem uma boa reprodução e variedade de cores de luz. Hoje, como já vimos, os LEDs têm praticamente todas as temperaturas de cor atingidas pelas lâmpadas tradicionais. E, no caso da reprodução de cores, já existem LEDs que asseguram um IRC de mais de 90, o que na grande maioria das iluminações cênicas é uma boa solução. A única restrição fica em situações em que o diretor de iluminação necessita de um IRC de 100 e aí se obriga a usar lâmpadas de filamento, mas efetivamente são poucas as vezes que há essa exigência, até em função da evolução dos equipamentos de filmagens.

Como curiosidade, atualmente os estúdios de TV são iluminados com fluorescentes de IRC da faixa de 85 ou um pouco acima de 90, o que dá garantia de que a substituição por LEDs já está ocorrendo e cada vez mais acontecerá. A não emissão de calor é garantia de maquiagem preservada para as cenas e maior facilidade para garantir uma eficiente climatização.

Pensem nos locais em que há necessidade de uma luz eficiente, fria e com pouco consumo energético para iluminar ambientes cênicos e lá já teremos a luz dos LEDs predominando solene e eficientemente. Exemplo: filmagem na neve sempre foi algo complicado, pois o calor da luz provocava o descongelamento quando os holofotes ficavam muito tempo ligados.

# Iluminação viária – sinalização

## Limitadores de velocidade

Um setor que logo quis aderir aos LEDs foi o de sinais luminosos. Isso aconteceu especialmente nos denominados limitadores de velocidade, também chamados de lombadas eletrônicas, em que aparece aquela placa indicativa da velocidade que o veículo está desenvolvendo no momento em que passa no local. Nesse caso, o uso foi tranquilo e imediato, se transformando numa excelente solução, especialmente pela longa vida útil.

## Semáforo

Esse equipamento pelo Brasil afora tem várias denominações, como sinaleira, sinaleiro, sinal e farol entre outros. Mas sabemos que, independentemente do nome que lhe atribuam, a sua função é aquela tradicional de emitir sinal luminoso indicando se os motoristas devem parar os veículos, prestar atenção ou seguir, com as cores vermelho, amarelo e verde, respectivamente. Hoje há variações para esse tipo de sinalização, que vão desde aquelas mais simples até as do tipo Fórmula Um. Nestas há várias luminárias que vão se acendendo uma a uma ou se apagando uma a uma, dando a sensação do tempo em que mudará de uma situação para outra. Há ainda as que mostram os segundos sendo reduzidos até chegarem a zero e mudarem a sinalização, indicando para parar ou prosseguir.

São muitas as aplicações em sinalizações viárias e cada vez serão mais utilizados os LEDs. Terminará acontecendo até mesmo a substituição de placas pintadas por placas luminosas.

Logo que os primeiros faróis com LEDs para semáforos apareceram no Brasil, foram rejeitados pelos órgãos de trânsito, pois, conforme regulamentação vigente, não alcançavam fluxo luminoso que equivalesse aos tradicionais, então iluminados com lâmpadas de filamento, tanto incandescentes como halógenas. Essa não aprovação por falta de fluxo luminoso atrasou a utilização nos semáforos e, na sequência, apareceu uma verdade que mudou totalmente esse conceito de que faltava fluxo luminoso.

Quando os primeiros equipamentos foram aprovados por alcançarem o fluxo luminoso exigido pelas leis de trânsito, apareceu um efeito secundário: o ofuscamento. O que não se sabia quando esse assunto foi tratado é algo que você, amigo leitor, nesta altura do livro já sabe. Os LEDs coloridos, que é o caso dos semáforos, emitem luz com excelente satruração de cor. Assim, o verde é muito verde mesmo, o vermelho é intensamente vermelho, o mesmo acontecendo com o amarelo. Essa saturação causou um efeito luminoso muito maior que as tradicionas e históricas lâmpadas de filamento, que tinham uma lente colorida na frente.

Em outras palavras os faróis para semáforos poderiam ter sido aprovados bem antes, em função de que a saturação de cor inerente à tecnologia LED compensaria o eventual efeito de falta de quantidade de luz projetada. E, se falarmos na cor vermelha, esse efeito é potencializado, já que, como sabemos, o vermelho é o LED com maior eficiência luminosa, maior concentração (saturação) de cor.

Com esses exemplos, podemos ter ideia de tudo que os LEDs trouxeram e podem trazer na iluminação viária em termos de sinalização. Irão, sem dúvida, colaborar ainda muito na incessante busca de se reduzir essa que é a maior causa de mortes da atualidade: os acidentes de trânsito.

## Iluminação pública

Pode ter algum leitor pensando que gostaria de saber logo sobre ambientes mais, digamos assim, arquitetônicos. E o Mauri fica falando de "lâmpadas penduradas nos postes". Evidentemente que falaremos mais adiante em locais mais lúdicos, como residências, restaurantes e outros ambientes nessa linha. Mas, se há locais cada dia mais valorizados pela arquitetura moderna, são a via e os demais espaços públicos, sejam ruas, avenidas, praças e muito particularmente os prédios públicos que fazem parte da chamada paisagem urbana, que é, como já falei, cada dia mais valorizada, especialmente em termos de iluminação.

Modernamente, iluminação pública não é mais sinônimo de apenas "lâmpadas penduradas nos postes". É muito mais do que isso, e os LEDs entram em cena de forma maravilhosamente eficiente também nesse meio.

Na iluminação das avenidas e ruas propriamente ditas, a grande vantagem dos LEDs é que têm uma luz naturalmente concentrada, proporcionando à pista de rolamento e às calçadas iluminação mais eficiente, pois a luz é direcionada com mais precisão para esses locais, preservando os demais ambientes à sua volta. A luz de uma luminária de LEDs ilumina efetivamente o que precisa iluminar: é o caso das pistas de rolamento, para que os motoristas possam enxergá-las adequadamente; das calçadas, para que os pedestres possam caminhar com traquilidade e visibilidade; e da vegetação que forma esse ambiente de circulação de veículos e pessoas.

Uma vantagem muito grande é que um LED durando acima de 50 mil horas proporcionará uma grande economia na manutenção, já que a troca de lâmpadas queimadas se constitui num grande e dispendioso trabalho ou retrabalho. A essas duas vantagens agregam-se outras que ficam claras quando comparamos uma iluminação com LEDs com lâmpadas de vapor de sódio e de vapor metálico.

## Sódio

Tem vida útil na faixa de 20 mil a 28 mil horas, mas sua luz amarelada tem péssima reprodução de cores e sempre foi uma boa solução em face de seu rendimento energético-luminoso, na faixa de 120 lm/w. Durabilidade e pouco consumo de energia sempre foram seus apelos.

## Metálicas

Têm ótimo IRC (acima de 90), mas sua durabilidade não chega nem à metade de uma lâmpada de sódio e, por isso, nunca se firmou como unanimidade em iluminação de vias públicas. Por mais que algumas empresas tentassem disseminar o uso de metálicas, por seu apelo de luz com ótima reprodução de cores, sempre houve a barreira da durabilidade que, em se falando em iluminação pública, é algo muito relevante.

Os **LEDs** vieram para ser uma síntese dos dois sistemas – sódio e metálico – sendo muito durável, com excelente rendimento energético luminoso chegando a ser maior que as lâmpadas de sódio e, no que se refere à temperatura de cor e IRC, se equipara às lâmpadas metálicas.

A essas características se agregam outras já referidas, como precisão de foco, o que dá a certeza de que é questão apenas de tempo para que os LEDs passem a iluminar e participar como protagonistas principais de nossa paisagem urbana.

Diga-se de passagem que algumas grandes cidades já começam a implantar o sistema de iluminação pública com LEDs.

Uma grande preocupação quando se faz iluminação pública é com o vazamento de luz para cima, pois representa um desperdício de luz e energia, já que o céu não precisa de iluminação nem deve ser iluminado, pois tem a maravilhosa luz natural das estrelas, da lua, dos planetas e tantos outros luminosos corpos celestes, o que deve ser preservado da poluição luminosa descontrolada das cidades. A luz que ilumina nossas ruas, avenidas e parques deve iluminar apenas esses locais e, quanto mais precisa e direcionada for, melhor será em todos os sentidos. Assim, a luz dos LEDs tem a característica natural de fazer esse trabalho com eficácia. Até nesse aspecto os LEDs são amigos da natureza.

Neste momento em que escrevo, uma iluminação pública de ruas e avenidas com LEDs pode parecer ainda de custo muito alto, especialmente se considerarmos que a iluminação com sódio e coisa relativamente recente. E já foram feitos grandes investimentos para que as antigas lâmpadas de mercúrio fossem trocadas pela modernidade e economia de energia que o sódio representou até pouco tempo. Mas não tenho dúvidas que é questão de tempo para que as administrações públicas se convençam de que o LED é solução otimizada para iluminar, melhorando nossa paisagem urbana pelas virtudes conhecidas e neste livro relacionadas.

> *Utilizando LEDs de forma adequada, voltaremos a poder olhar para o céu das grandes cidades e admirar a luz da lua e o brilho das estrelas.*

## Prédios públicos

Iluminar fachadas de prédios públicos, em sua grande maioria pertencentes ao patrimônio histórico, sem deixar de fora a modernidade dos novos edifícios continua sendo uma arte muito bem definida. Todos os problemas, que sempre existiram ao se utilizar lâmpadas/luminárias tradicionais, para se fazer uma iluminação de qualidade nesses prédios continuam a existir com o uso dos LEDs. A grande diferença é que com produtos de LEDs há uma redução considerável no tamanho das fontes de luz e isso facilita quando temos que colocar as luminárias em pequenos espaços sem agredir a arquitetura dos prédios, naquele efeito sempre procurado de aparecer a luz, que é o efeito, e não as luminárias e as lâmpadas. Inclusive há a possibilidade de que, em vez de fazer furações para fixação de luminárias, possamos simplesmente colar o equipamento com um tipo de cola utilizada em monumentos, cujo uso é permitido pelos responsáveis por nosso acervo de prédios históricos.

LEDs agregam facilidades para esse tipo de iluminação e ainda têm aquelas virtudes fantásticas de economia de energia, durabilidade/longa vida útil, bom IRC, várias temperaturas de cor e, entre outros fatores, tem um que é fundamental quando comparado às metálicas, que são as mais utilizadas em fachadas: a possibilidade de dimerização. O arquiteto de iluminação poderá dimensionar a quantidade de luz ideal para cada prédio em cada momento. Sempre é bom repetir que a não emissão de UV e IR preserva a textura dos materiais iluminados – e o patrimônio histórico agradece.

## Interior de prédios públicos

Devem sempre preservar sua indentidade, ou seja, sempre que possível deve haver uma combinação de luz interna com as luzes da fachada. Colocar-se uma luz de fachada de última geração com LEDs e internamente deixar uma iluminação fluorescente antiga de 40W, com IRC abaixo de 70, ou mesmo com fluorescentes HO110W arcaicas, compromete o conjunto do edifício do ponto de vista do projeto de iluminação. O mesmo cuidado deve haver em relação à área que circunda o prédio, atualmente denominada por uma palavra pela qual não tenho simpatia – acho feia mesmo –, mas que é efusivamente utilizada: o entorno.

Quanto menos contrastes em termos de fontes de luz forem utilizados, melhor para a beleza da iluminação. Explicando melhor, misturar LEDs com lâmpadas mistas ou fluorescentes antigas, como citado anteriormente, é algo inconcebível. Iluminação pede coerência em todos os sentidos, especialmente na escolha das fontes de luz a serem utilizadas. E, nesse caso, temos a alegria de saber que já existem produtos de LEDs para todas as finalidades e todos os ambientes.

## Iluminação paisagística

Um dos ambientes que mais tem a agradecer à nova tecnologia representada pelos LEDs é o paisagístico. Porque entre todas as vantagens que citamos várias vezes neste livro, as que mais destacamos para iluminação de jardins e outras paisagens com essas características são justamente a não radiação de calor na faixa de luz, sem UV e IR. Possibilidade de dimerização, durabilidade, miniaturização e outras vantagens dos LEDs são importantes, lógico. Mas sabermos que podemos aproximar a luz dos vegetais sem lhes causar problemas e, ainda, que podemos dosar a quantidade de luz sobre aquela árvore, aquele canteiro de flores, aquelas pedras e montes gramados, fazendo uma iluminação mais dinâmica, é algo realmente diferenciado.

Quantos jardins maravilhosos já vimos, iluminados com lâmpadas metálicas, sobre os quais o projetista deve ter pensado "que pena que as metálicas não sejam plenamente dimerizáveis". Atualmente existem reatores "dimerizáveis" para metálicas, mas a flexibilização da luz é limitada, ficando na faixa de 60 a 100%.

Como diria aquela propaganda veiculada em um programa humorístico: "seus problemas acabaram", pois já temos os fabulosos LEDs para iluminar jardins e áreas verdes. Relembramos que, para cada lâmpada usada normalmente em iluminação paisagística, já existe uma de LED, seja LampLED, módulo ou refletor de LED.

## Lojas

A iluminação em ambientes comerciais é a que mais têm sido alvo de projetos inovativos. As lojas, especialmente as que se preocupam corretamente em utilizar a iluminação como elemento fundamental na venda, têm procurado sempre aplicar as mais modernas tecnologias e fontes de luz. Essa postura não é recente. Basta lembrar que há duas décadas, quando apareceram as revolucionárias lâmpadas metálicas do tipo HQI-TS de 70 e 150w, elas passaram a ser utilizadas em vitrines como elemento de atração do público (clientes). Depois, quando apareceram as metálicas com tubo cerâmico, tipo CDM-R e HCI-Par, também foram estrelas estreantes e, digamos, esfuziantes nas vitrines e em seguida nas áreas de vendas das lojas, onde se destacam até hoje. Incluem-se nesse caso ainda as AR111 metálicas com tubo cerâmico.

Cito isso para indicar que não tenho dúvidas de que as lojas, também no caso dos produtos de LEDs, serão destaques na utilização dessa teconologia SSL – *Solid State Light*.

Então, quando se pensar em iluminar uma gôndola, uma prateleira e outros locais em que utilizamos até agora lâmpadas halógenas ou mesmos fluorescentes – especialmente as T-8 e T-5 – poderemos usar produtos de LEDs com a imensa e colossal vantagem de não desbotar as peças por sua emissão de luz totalmente sem calor e sem UV e IR. Roupas, sapatos, bolsas e outra infinidade de artigos iluminados com LEDs permanecerão intactos em suas qualidades por não sofrerem a ação danosa da luz, mesmo que esta esteja a pequena distância dos nichos onde são acomodados os produtos.

Por mais bela que seja a luz emitida por uma halógena e, para mim efetivamente é, o calor projetado junto com a luz deteriora todos os produtos expostos a ela. Então, meus amigos, pensem nas lâmpadas que hoje são utilizadas para iluminar os diversos ambientes das lojas e comecem a procurar, no mercado, substitutas em LEDs. Assim estarão muito bem instrumentalizados para deixarem a loja como um verdadeiro cartão de visitas.

Recentemente colaborei dando consultoria a uma loja. A arquiteta responsável relatou que os clientes ficavam pouco tempo no interior do estabelecimento, o que impedia que os vendedores tivessem a oportunidade de concretizar a venda, pois não havia tempo para convencerem os clientes das qualidades dos produtos. Na análise ficou claro que os clientes se sentiam incomodados pelo excesso de luz do ambiente. Era uma loja pequena em que tanto a vitrine quanto a área de vendas era iluminada com lâmpadas HCI-Par e HCI-AR111. Minha conclusão foi de que a loja havia se transformado em uma extensão da vitrine, em função de terem sido utilizadas as mesmas lâmpadas para os dois ambientes com a mesma intesidade de luz.

O ideal seria dimerizar as lâmpadas da área de vendas, suavizando, pela redução do nível de iluminamento, o ambiente onde a venda aconteceria, deixando o cliente confortável em relação à luz. O problema – penso que já deu para perceber – não era de fácil solução caso se pensasse em manter o mesmo tipo de lâmpadas. Isso se deve ao fato de que as metálicas não podem ser totalmente dimerizadas e alguns equipamentos (reatores) que posibilitariam isso ainda são muito raros, muito caros e, como já citamos, com um nível mínimo de 60% da luz total da lâmpada.

Como uma solução intermediária do problema, sugerimos reduzir a quantidade de lâmpadas da loja, ou trocá-las por halógenas que podem ser dimerizadas, permitindo o controle da quantidade de luz do ambiente e tornando a iluminação bem mais dinâmica.

A minha sugestão de colocar LEDs não fora aceita por se tratar de cadeia de lojas com unidades em todo o país. Quando colocam um produto, a padronização deve ser automática e, em determinadas cidades, haveria dificuldades de encontrarem o mesmo tipo de LED. Evidentemente que os LEDs, no caso dessa loja, seriam a melhor solução. Tenho certeza que num futuro bem próximo a troca será efetuada em face da flexibilidade que os LEDs proporcionam.

Aproveito esse caso para enfatizar o que já escrevi no meu livro *Iluminação: simplificando o projeto*: muito cuidado ao iluminar um ambiente utilizando um produto apenas porque alguém utilizou em outro ambiente. Vejo muitas iluminações de lojas sendo realizadas com uma mistura de metálicas PAR com metálicas AR 111. Quando pergunto o porquê da mistura, nem preciso esperar a resposta, pois normalmente foi usado o exemplo de outro ambiente semelhante. Uma coisa deve ficar clara: projetar iluminação não é um simples copiar/colar. Cada ambiente é único e deve ter uma iluminação personalizada. Além disso, misturar PAR com AR111 na mesma direção, no mesmo local, não oferece nenhum valor técnico, pois uma luz tira o efeito da outra – uma "mata" a outra.

Com a descrição desse exemplo real deu para sentir que os LEDs vieram para fazer sucesso na iluminação de ambientes comerciais, especialmente lojas. Penso até que lojas são ambientes de maior receptividade para a tecnologia LED, justamente por sua versatilidade e algo que chega ser emblemático: a não emissão de calor na faixa de luz, que veio resolver de forma satisfatória a iluminação localizada das gôndolas ou prateleiras.

Durante minha vida profissional, cansei que receber consultas em relação ao que fazer para evitar que as mercadorias – roupas, bolsas, sapatos – perdessem valor ao serem expostas, já que ficavam desbotadas em pouco tempo. Sabemos que várias artimanhas foram e são utilizadas para evitar esse problema, que vão desde filtros para UV e IR, até rodízio de produtos expostos em curtos períodos de tempo para que o dano seja reduzido. Outros artifícios também existem, mas, repetindo a frase célebre do programa humorístico, "seus problemas acabaram". LEDs são a solução real e definitiva.

## Escritórios – bancos

Com o advento da tecnologia LED, uma nova forma de iluminar ambientes de trabalho, como escritórios, começa a ganhar corpo. Uma das razões adicionais foi por ser o LED algo realmente ecológico, que foi logo associado à certificação LEED, que define os chamados edifícios "verdes". Isso, somado à economia – que prefiro chamar de poupança – de energia, passou a valorizar ainda mais essa fonte de luz.

Para se poupar energia em iluminação, como já vimos nos livros anteriores e no dia a dia do trabalho, há várias formas. Sempre falo em minhas aulas que o mais simples é desligar o interruptor, ou seja, consumo zero – ou quase isso, mas iluminação igualmente nenhuma. Nessa linha de desligar a luz é que repousa essa nova visão de utilizar a luz elétrica apenas e quando necessitarmos. Para isso temos algumas alternativas, entre as quais destaco:

### Sensores de presença

A luz é acesa quando tem alguém no ambiente. Há estudos muito mais específicos, porém, que ultrapassam esse simples acende e apaga conforme a presença no ambiente, indo ao detalhe de acender ou apagar conforme caminhos percorridos pelos funcionários. Em outras palavras, nos locais onde mais passam pessoas mais necessidade de luz haverá, e os sensores serão programados e localizados em conformidade com esse estudo. É feito um mapa da utilização da luz no ambiente. Em locais em que a passagem é rápida, os sensores têm menor tempo de luz acesa. E assim será em outras situações, proporcionalmente. Os sensores são adequados às presenças reais, sendo a luz utilizada de forma inteligente e econômica.

## Luz geral e luz de trabalho

Projeta-se uma iluminação geral básica para circulação das pessoas e possibilidade de bem enxergar documentos e outros detalhes. Para as mesas de trabalho, uma iluminação específica, através de luminárias de mesa e outros meios de focar a luz exatamente no local onde precisamos enxergar melhor. Essa forma de iluminar é, de certa forma, o que se faz há muito tempo nas residências, somando uma iluminação geral confortável com uma iluminação específica mais intensa onde faremos leitura e outras tarefas.

Essas duas formas indicadas não esgotam outras que possam ser utilizadas para que haja nos escritórios luz confortável que permita a realização adequada das tarefas, sem consumir energia em excesso. LEDs já são, na sua origem, econômicos e poupadores de energia, mas não chegam a ser milagrosos nesse conceito de poupar energia.

No meu livro *Iluminação: simplificando o projeto*, explico passo a passo como se faz um bom projeto. O que lá está escrito deve ser transportado para essa fonte de luz que ora focamos – LEDs. Ou seja, os conceitos lá descritos continuam valendo, bastando que troquemos as lâmpadas tradicionais por produtos de LEDs, sejam módulos de LEDs, luminárias de LEDs ou as chamadas lâmpadas de LEDs, LampLEDs.

Fabricantes responsáveis sempre têm em seus catálogos e até em embalagens os detalhes de cada produto, como ângulo de abertura do facho, Curva de Distribuição Luminosa (CDL) e outras informações mais básicas, como tensão e corrente de operação, vida útil, depreciação do fluxo luminoso e por aí vamos.

Sempre lembrando que o mais importante num ambiente de trabalho (escritórios, por exemplo) é uma luz com temperatura de cor adequada, que deixe a pessoa sempre ativa. E, como sabemos, nunca deve ser abaixo de 4.000K.

## Integração da luz natural com a luz elétrica

Falando em ambiente de trabalho, é fundamental registrar algo que muitas vezes cai no esquecimento: quanto mais luz natural houver em tal ambiente melhor será a produtividade e melhor será o nível emocional das pessoas. O ser humano se sente muito melhor no ambiente de luz natural. Nada se compara à luz do Sol. Nosso organismo obedece à natureza, ao ciclo solar. Quando acordamos há uma luz avermelhada que, em seguida, vai clareando, fica num branco intenso e depois começa a regredir, ficando amarelada e avermelhada ao entardecer, até desaparecer pela invasão da escuridão da noite. Esse ciclo rege nosso corpo de tal forma que nos induz ao anoitecer a ter sono e dormir. Evidentemente que com o advento da luz elétrica, mascaramos esse ciclo vital, mas ele não morre, fica sempre latente. Assim, está comprovado que quanto menos luz natural utilizamos mais complicações de saúde temos, muito especialmente na área emocional, psicológica, dos sentimentos. Mas também na forma somática, que são doenças corporais mesmo.

Para que essas complicações sejam minimizadas, devemos sempre que possível integrar, nos ambientes de trabalho, a luz natural com a luz elétrica/artificial. Isso pode ser feito de diversas formas, desde a instalação de sensores de luz até programação por *softwares* específicos que coordenam essa integração.

Mesmo quando não há condições de projeção de luz natural num ambiente, ainda há a possibilidade de "driblarmos" o organismo com a simulação da luz natural. Para isso se programa a intensidade de cor de luz elétrica/artificial para que ela acompanhe a curva solar, luz imitando a aurora e o crepúsculo, passando por todas as fases de um dia. Por exemplo, ao meio-dia teremos uma luz branca e intensa – de Sol a pino – e, ao cair da tarde, a luz irá perdendo sua tonalidade branca e nos induzindo a entender que o final do expediente está chegando.

Atenção diretores, gerentes e líderes de empresas "normais": não fiquem zangados comigo por estar tocando nesse assunto, que pode parecer exagero, pois o que estou apregoando aqui é o que deve ser utilizado em empresas de ponta, que colocam toda tecnologia em favor de seus funcionários, de sua produtividade. Existem empresas que fazem muito mais do que isso. Na área de alta tecnologia, especialmente em TI, tudo que for possível colocar no ambiente de trabalho para que os colaboradores possam produzir e criar mais é disponibilizado. Nisso se incluem, entre outras providências, até mesmo ilhas de alimentação e áreas de lazer e de relaxamento. Além disso, os colaboradores não precisam cumprir um horário rígido. Mas vamos ficar por aqui, pois algum desavisado pode pensar que escrevi um livro de relações de trabalho, e não de iluminação.

Por outro lado, no tocante à luz certa, na hora certa, no ambiente correto, incluindo a luz natural ou a simulação dela não há como fugirmos se nós quisermos ter funcionários interessados, saudáveis e produtivos.

LEDs chegarão em tempo certo à iluminação de escritórios, visto que são ambientes em que a durabilidade dos produtos também é fator muito importante.

## Indústrias

Recapitulando o que se utiliza atualmente como fontes de luz nas indústrias, se poderia concluir que não haveria muito espaço para LEDs no ambiente industrial, nas fábricas. Se considerarmos o efeito longa vida, associado ao rendimento luminoso e aos conceitos de tonalidade de cor e IRC, porém, temos virtudes que caem muito bem no ambiente industrial, pois os produtos industrializados levam em consideração na formação de seus custos a energia elétrica consumida. E também o que se gasta com produtos para iluminação, especialmente na manutenção, na troca de lâmpadas e equipamentos. Nesse aspecto, o LED traz uma grande vantagem pela sua durabilidade.

Como as indústrias, para obterem certificados de excelência, precisam provar que são ecologicamente corretas e como a cada dia que passa há mais exigências nessa área, a utilização no ambiente fabril de produtos de LEDs para iluminação só dependerá da velocidade em que os fabricantes de luminárias disponibilizem produtos viáveis para esse locais. Isso porque, algumas vezes, eles precisam de equipamentos especiais, como produtos à prova de explosão, com bom IP e também que sejam potentes, visto que as alturas de pé-direito são frequentemente elevadas.

Usando-se o exemplo da iluminação pública, penso que é uma questão de pouco tempo para que a variedade de luminárias e refletores de LEDs seja disponibilizada para iluminar ambientes industriais.

## Postos de serviço

Também conhecidos como postos de combustível, os postos de serviços são locais onde a preferência por LED é real a imediata, pois o índice de utilização da luz elétrica é grande, já que a maioria trabalha a noite inteira, fazendo com que o consumo de energia seja fator importante nas despesas que formam o seu custo operacional.

Detalhes conhecidos, como luz que tenha boa reprodução de cores para que poças de óleo não sejam confundidas com água, causando acidentes, que até agora foram determinantes para a utilização de lâmpadas metálicas, entre outros dispositivos, são todos indicativos de que o LED será cada vez mais utilizado em sua iluminação.

Considerando também que os postos passam a ter a bomba de combustível apenas como um fator determinante para o maior movimento de suas lojas de conveniência, que se tornam cada dia mais verdadeiros shoppings de emergência, os LEDs crescem em importância, já que essas lojas 24 horas precisam de uma fonte de luz durável, econômica, moderna, eficiente e com todas as demais virtudes inerentes a essa nova tecnologia, SSL.

Pode acontecer que quando você, leitor, estiver lendo este livro a SSL já não seja considerada uma nova tecnologia, tal é a velocidade com que as coisas acontecem no mundo da iluminação em termos de pesquisa e desenvolvimento de novos produtos e fontes. Evidentemente que, se isso ocorrer, teremos o desconto da temporalidade inata dos livros e aproveitaremos toda a história do crescimento e da evolução dos LEDs.

Há ainda os estacionamentos que fazem parte desses locais. E, falando neles, englobo todos os tipos de estacionamentos em supermercados, *shopping centers*, restaurantes que há muito tempo usam lâmpadas a vapor de sódio, em função de sua grande economia de energia. Todos esses migrarão – aos poucos – para LEDs por tudo que já escrevemos nesta obra. O cuidado que se deve ter é que as lâmpadas de sódio, como fontes de luz prestam-se muito para esses locais, onde a necessidade de reprodução de cores não é o fator de maior relevância. E há que se calcular – na época adequada – se o produto de LEDs a ser instalado já trará grandes vantagens em relação às "antigas" e eficientes lâmpadas de sódio, que atualmente prestam um bom serviço. Quando o componente economia de energia for equivalente, a troca por LED será justificada, pois o ganho em termos de TC, IRC e durabilidade será real e, por vezes, muito grande.

Ficamos, pois, com a sensação de que a iluminação com LEDs fará com que os postos possam prestar melhores e iluminados serviços. E poderão mudar seu nome de "Posto de Serviços" para "Posto de Excelentes Serviços".

## Residências

A impressão que tenho ao escrever esta parte é de que uma grande maioria de leitores quer saber mesmo é como iluminar uma residência com essa – hoje – revolucionária fonte de luz. E fico a refletir em tudo que escrevi até agora para constatar que pouco restou para escrever, já que todos os conceitos e as particularidades dos LEDs para iluminar outros tantos ambientes acabam deixando definido, por analogia, a forma de se iluminar residências. Quando falamos de funcionalidade, beleza, economia de energia, variedade de temperatura de cor, otimização do IRC, conforto luminoso, luz razão e luz emoção – luz de trabalho e de lazer – e outros conceitos já registrados sobre os LEDs, estamos definindo os diversos ambientes de uma residência.

Agora, imprecindível considerar que quando falamos de residência estamos falando de lar, que é o principal local – ou deveria ser – de nosso andar por esse mundo, em função de convivência e outros detalhes que nem vou relatar e esmiuçar para não parecer que voltei a escrever o meu livro *Casamento feliz: possibilidade ou utopia*. Fica claro, porém, que ao iluminar uma residência estamos projetando luz no local onde a pessoa vai recarregar suas baterias. Por isso, devemos ter o cuidado de não cometer pecados, exageros. A busca deve ser, isso sim, por proporcionar um ambiente que nos dê aquela gostosa sensação e uma imensa vontade de chegar logo em casa e desfrutar do conforto que uma iluminação adequada proporciona ao que chamamos de lar.

Em cada peça de uma residência podemos usar um produto de LED. Basta irmos desfilando por cada ambiente e vermos que atualmente todos eles podem ser iluminados com a simples substituição das lâmpadas tradicionais mais usadas – halógenas e fluorescentes – por produtos de LEDs.

Cozinha, banheiro, living, dormitório, estar íntimo, varanda, sacada, espaço gourmet, sala de TV e *home theater*, *closet*, corredor. Vamos percorrendo esses espaços e, como se tivesse um sensor de luz em nossa mente, os LEDs vão se acendendo e nos mostrando que todos esses locais que formam a residência podem ser iluminados com LEDs e usufruir de todas as vantagens que ele traz em sua tecnologia.

Embutidos de fluorescentes compactas; luminárias de dicróicas, Par 20, Par 30, AR 70, AR 111; fluorescentes tubulares T-5 e outras lâmpadas são normalmente substituídas por produtos de LEDs equivalentes.

Um problema que é eventual, mas deve deixar de ser em seguida, em função de economia de escala e outros fatores, é o custo inicial de instalação. Tão logo os preços sejam adequados ao mercado, o crescimento da utilização dos LEDs em residências, como de resto em todos os ambientes, será uma realidade. Uma econômica e bela realidade.

Quando pensamos que atualmente as telas de TV já são de LEDs e que, na sequência, teremos paredes que serão "a lâmpada/ luminária", ficamos a pensar que o futuro de nossas residências será um verdadeiro mundo de luz, um mundo de LEDs.

## Estádios – arenas esportivas

Iluminar estádios de futebol, que atualmente passaram a ser arenas esportivas, com múltiplas utilidades e funcionalidades, passou igualmente a ser uma atividade muito especial.

**Passado recente:** Até poucos anos atrás, a iluminação de um estádio de futebol, ou mesmo de arenas multiesportivas para prática de esportes de salão, como basquete e vôlei, tinha o foco centrado na luz que permitiria a prática dos esportes a que tal estádio ou arena se destinava. Fosse futebol, toda a atenção era para o chamado campo de jogo. Havia uma exigência que, para a época, era um "pacotão de luz" e ficava na faixa de 600lux. Normalmente era feita utilizando lâmpadas de vapor metálico tipo HQI 2000W, sendo a grande preocupação o televisionamento em cores, o que a luz das metálicas com IRC acima de 90 permitia e o problema estava resvolvido.

A iluminação das áreas adjacentes era feita com lâmpadas de sódio, mercúrio ou mistas. Nas áreas internas dos estádios e ginásios predominavam fluorescentes de 20/40W e as HO de 110W.

**Atualmente:** Começa que aquilo que antes se chamava de estádio ou ginásio hoje se chama arena. E o que chamei de áreas adjacentes, agora é denominado chamosamente de "entorno". Mas as diferenças estão muito longe de ficarem apenas na forma de tratamento, nos nomes. Quando focamos nossas atenções para a iluminação, lembro-me de antiga propaganda de xampu, com sua frase "quanta diferença". Nesse aspecto é que entram os LEDs na iluminação desses locais que seguidamente sediam espetáculos de valores astronômicos, pois neles desfilam personagens esportivos cujo faturamento mensal extrapola o limite do razoável e ao qual se somam contratos que chegam a milhões de dólares.

O negócio esporte no mundo produziu "semideuses" que arrastam multidões para essas chamadas arenas esportivas e muito mais ainda para frente dos televisores. A importância é tamanha que até no segmento de narradores e comentaristas de TV os salários foram aumentados em progressão geométrica. Fala-se, como rotina, de profissionais que ultrapassam ganhos de um milhão de dólares anuais, havendo alguns que recebem quase isso por mês.

Para que todo esse espetáculo seja iluminado dignamente, a utilização de LEDs é cada dia mais real, não apenas nas áreas internas – como lojas, restaurantes, bares, salas de administração, salas de imprensa, vestiários, salas multidisciplinares e muitos outros ambientes que formam o conjunto que se chama arena esportiva –, mas também – não podemos esquecer – até mesmo nas ruas e avenidas que levam até esses locais.

Tudo que falamos na utilização de LEDs para escritórios, residências, lojas, fachadas e restaurantes vale para iluminar com LEDs esses ambientes internos e externos de uma arena. Valem os mesmos conceitos e os mesmos materiais e produtos, trazendo consigo algumas vantagens adicionais, como uma redução drástica no consumo de energia. Isso é fundamental, visto que atualmente não se pode pensar que um local desses, que envolve valores astronômicos e patrocinadores que pagam caro para ter sua marca presente nos eventos, seja complicado por uma falta eventual de energia elétrica. Logo, a instalação de sistema *no break*, com geradores próprios, é facilitada por essa redução no consumo de energia – já mencionamos isso no caso dos grandes shows musicais.

## E o campo de jogo, como é iluminado hoje em dia?

O campo de jogo, bem como o saibro ou piso, no caso do tênis ou outros esportes, como futsal, basquete e vôlei, atualmente é iluminado – e isso já vem de décadas – com lâmpadas de multivapores metálicos, em várias potências. As quadras poliesportivas são iluminadas preferencialmente com metálicas, tipo HQI de 400W – os gramados dos estádios são iluminados na potência de 2.000W com refletores retangulares.

Nos últimos anos, os estádios e as arenas passaram a utilizar, no lugar das antigas HQI 2.000W de base E-40, com refletores retangulares, tipos como 1.000, 1.300, 1.500 e 2.000W, mas em versões compactas usando refletores cilíndricos. É mais ou menos assim:

- 1.300 e 1.500W com base E-40, que é um sistema de melhor resposta que o de 2.000W – considerado antigo – pela melhor ótica dos refletores. Mas há quem garanta que o descrito a seguir seja mais eficiente.

- 1.000 e 2.000W com base bilateral, que igualmente é acoplado a refletores cilíndricos de alta *perfomance*.

A diferença do antigo sistema 2.000W retangular e dos novos sistemas com refletores cilíndricos é que enquanto a exigência dos antigos estádios era de 600lux e não se definia mais nada, atualmente, com a utilização dessas metálicas de última geração, consegue-se ultrapassar 3.000lux. Na verdade, a exigência da FIFA em seu caderno de encargos para arenas mundialistas é algo em torno de 3.500lux na vertical e 2.800lux na horizontal. Pode ser que esses números tenham variações, até porque a própria exigência se altera, mas dá para perceber que há uma imensa diferença entre os 600lux de até um tempo passado, que agora se multiplicou por quase seis vezes, inclusive com cuidados para os níveis horizontais e verticais. É que entrou em cena o chamado efeito HDTV. Ou seja, a exigência de qualidade na luz aumentou em proporções gigantescas devido ao sinal digital para transmissões esportivas.

Fiz essa rememoração sobre iluminação metálica para chegar até os LEDs. Para o que escrevo neste momento vale aquela ressalva que fiz em outras passagens deste livro: pode ser que a evolução seja muito rápida e quando o leitor estiver nesta parte da leitura já exista iluminação de campo de jogo com a utilização de refletores de LEDs. Atualmente, entretanto, ainda não existe. Penso ainda não existir em função dessas novas exigências de grande nível de iluminamento para competições oficiais. Por outro lado, não tenho dúvida que é só questão de tempo, já que a evolução da tecnologia LEDs é maior que a velocidade da luz.

Há, porém, outras utilizações dos LEDs nessas grandes arenas que extrapolam a parte interna delas, pois em alguns lugares o sistema viário do entorno já utiliza. E há mesmo um exemplo clássico, que serve como ponto de partida: o famoso Alianz Arena de Munique, estádio que troca de cores. Ele foi construído para a Copa do Mundo de 2006. O sistema instalado é com fluorescentes T-8 coloridas e com controle em sinal analógico de 1-10V. O efeito é fantástico, mas realizado com lâmpadas "antigas" e sem a utilização de sinal digital (isso foi feito há apenas cinco anos). Sua fama de camaleão o tornou ícone de modernidade, uma vez que pode trocar de cor para se adequar à cor da camiseta do clube que joga no estádio. Algo notável!

O LEDs que já são utilizados para esse mesmo efeito, revolucionam o visual dos estádios e das arenas, pois as possibilidades de troca de cores são incontáveis, falando-se em 16 milhões delas.

Existe estádio que conjuga, pelo sistema de som, o humor da torcida, ou seja, quando grita "gol" a parte onde se localiza a torcida fica da cor de sua camiseta, podendo ficar piscando para festejar o feito; quando há perigo contra essa equipe, a torcida fica apreensiva, e a cor daquela parte do estádio toma coloração que indica nervosismo. E mais ainda quando leva um gol.

Em outras palavras, os sons da torcida comandam, por sistema digital de som, as cores, e essa arena, esse ginásio, cria "sentimentos" como se vida tivesse. Uma maravilha que a tecnologia LEDs ajuda a criar.

Enquanto a luz dos LEDs não chega ao gramado, vão embelezando de forma muito eclética as demais áreas que envolvem uma arena, seja de futebol, seja de outros esportes.

# Perguntas
# e respostas

Os leitores dos meus livros de iluminação sabem que mantenho o formato de escrever um capítulo no qual registro as perguntas que me são feitas durante as aulas e palestras com as respectivas respostas comentadas. A finalidade é registrar alguns tópicos não abordados no texto central, bem como recapitular alguns detalhes importantes em que seja necessário chamar a atenção. Tem ainda outro objetivo, que é o de provocar os leitores a perguntarem por e-mail sobre suas dúvidas e sobre aqueles assuntos que gostariam ter lido e cujos temas não foram abordados nesta edição.

Assim, fiquem bem à vontade para questionar, perguntar, pedir esclarecimentos, pois os que me conhecem dos livros, das aulas e das palestras sabem que o que mais me encanta e motiva é o contato com todos. Seja para responder a perguntas, seja para orientar na feitura de um projeto e ou mesmo para alguma consultoria, que sempre faço com a maior alegria e disponibilidade.

### Então, vamos em frente!

**Sendo o LED de tamanho tão reduzido, não deveria custar menos do que uma lâmpada que utiliza muito mais matéria-prima?**

O LED de potência para iluminação é uma tecnologia relativamente nova e, como sempre acontece, para que se chegue a uma inovação tecnológica há um imenso caminho a ser percorrido, com muitas pesquisas, experimentações, desenvolvimento, que leva muito tempo e nas quais são investidas vultosas somas em dinheiro. Quando as primeiras unidades desses produtos novos são colocadas no mercado, carregam no seu preço todo o custo desse trabalho que antecede o lançamento. Na sequência, a procura pelos produtos começa a crescer, a venda aumenta e com ela a produção. Quanto mais produtos são produzidos e consumidos, mais rapidamente os custos, que falei anteriormente, são amortizados. A razão é que são distribuídos por muitas unidades, sendo diluídos. Acontece o que se chama de economia de escala, para acelerar ainda mais a redução do preço final. Quando todo o investimento em pesquisa estiver pago, o custo será reduzido ainda mais e, somado a isso, havendo mais unidades produzidas, o chamado custo fixo da empresa será distribuído por mais quantidade, menor será o custo geral e assim tomamos o rumo da redução de preços.

Esse processo acontece com todos os produtos que dependam de pesquisa e desenvolvimento. O exemplo mais claro, que gosto de citar sempre, é o do aparelho de *fax*, que quando lançado custava US$ 2.000 (dois mil dólares) e atualmente, se a pessoa se descuidar, ao comprar um aparelho como um televisor pode receber um aparelho de *fax* de brinde sem pedir, tal foi a redução de preço desses aparelhos.

Então, entendendo isso, temos motivos para a certeza de que em pouco tempo os LEDs serão vendidos a um preço totalmente compensador na substituição de uma lâmpada tradicional. Até porque há ainda um efeito que é comum a qualquer produto: a concorrência, que tem um poder de redução de preços inquestionável e inestimável.

**Ao comprar um módulo de LEDs em que tenha que acoplar um equipamento para seu funcionamento, tipo fonte-*driver*, isso será um complicador para a dona ou o dono de casa que não tenha familiaridade com instalações. Como resolver isso?**

Na verdade, há muitos produtos de iluminação com lâmpadas tradicionais em que esse trabalho também deve ser feito por alguém. Ou seja, nesse aspecto a migração para produtos de LEDs não vai constituir muita mudança. Há produtos de LEDs de instalações simples e diretas como lâmpadas incandescentes e fluorescentes, como há lâmpadas tradicionais que necessitam ser instaladas por profissionais. Nesse aspecto, a mudança não chega a ser tão drástica.

Aproveito para destacar algo que já mencionei num de meus livros, que é a confiança que se deve ter no profississional instalador/eletricista. Ele é o braço direito, fator fundamental em iluminação, pois sabemos que um projetista, arquiteto, não pode estar o tempo todo na obra. Por isso, o profissional contratado deve ser de muita confiança e qualificação. Muitos são os casos em que um grande projeto luminotécnico é complicado por maus profissionais instaladores, seja por desleixo ou por desconhecimento. Valorize esse profissional quando ele prestar bons serviços. Um bom instalador é como muitas coisas boas na vida, quem tem não larga.

**Vejo que existem muitos tipos de lanternas para uso doméstico que usam LED como lâmpada. Elas são confiáveis?**

Quanto à qualidade, como tudo na vida, há que se comparar fabricantes e preços, pois é impossível fazer um bom produto, de qualidade, com preço muito abaixo dos demais. Quanto ao aspecto e tipo de utilização do LED, porém, não há o que se questionar, pois consumindo pouca energia essa lanterna terá mais horas de uso da bateria/pilha. Uma das boas vantagens do LED é justamente dar maior autonomia às fontes de energia independentes, como são as baterias.

Falando nisso, lembro que para iluminação de emergência, do tipo que entra em ação quando falta energia elétrica da concessionária, o LED tem uma ampla utilização. Esse foi um dos segmentos que mais rapidamente começou a utilizar essa fonte de luz econômica, limpa e muito durável que é o LED. Primeiramente com LEDs de sinalização, que pouco rendimento luminoso tinham, mas atualmente já usando LEDs de potência, com boa resposta em nível de iluminamento de emergência.

### Como o LED colorido tem uma grande saturação de cor, usar projetores de LEDs na cor verde para iluminar jardins é excelente, certo?

Com aquela sensação de que já tratei desse assunto, neste ou no livro de projetos, ressalto que, quando queremos ressaltar o verde de um jardim, o LED é excelente e fará esse trabalho com maior eficácia do que as chamadas metálicas coloridas na cor verde, pois realmente o verde de LED é "muito mais verde". E isso proporciona o efeito adicional de parecer que ilumina mais.

Mas temos sempre que ressaltar que quando da iluminação de jardins multicoloridos – a maioria deles – a melhor luz será sempre aquela com melhor IRC, para que todas as folhagens e flores sejam destacadas em suas cores naturais. A luz verde deve ser usada com muita cautela e pontualmente – apenas nas partes verdes mesmo.

A meu juízo – e penso como a maioria dos que pesquisam, ensinam e usam a luz –, nada supera a luz branca com ótima reprodução de cores. Aqui não tem negociação: quanto maior for o IRC melhor será a iluminação, seja com LEDs, seja com qualquer outra fonte de luz.

### Na garagem do meu prédio, assim como nos corredores, são utilizadas lâmpadas fluorescentes compactas, tipo econômicas ou eletrônicas, pois mesmo que durem pouco em face do liga/desliga via sensor de presença, no final das contas ainda vale mais a pena do que incandescentes ou halógenas, que permitem essa operação, mas tem vida curta ao natural. LEDs podem ser utilizados com sensores de presença?

Está aí mais um local em que os LEDs substituirão rapidamente outras fontes de luz, pois além de serem muito duráveis – em vida útil – permitem normalmente o acende e apaga sem sofrer nenhum impacto em sua vida, em sua durabilidade. Essa é uma solução definitiva para esse problema que se tornou crônico em vários locais onde se necessita de luz por breves momentos, como garagens, corredores de edifícios comerciais e residenciais, além de hotéis.

Aproveitando o enfoque, recomendo sempre muito cuidado em utilizar sensores de presença, para que sejam de qualidade tal que não provoquem aquele efeito de aeróbica quando a pessoa entra no ambiente. Ou seja, tem que ficar abanando as mãos para acionar o sensor e acender as lâmpadas em função de falta de qualidade ou má distribuição dos sensores nos locais. Entre colocar um sensor de presença que não seja acionado naturalmente na presença de alguém no ambiente, melhor deixar os antigos, mas saudáveis, interruptores com minuteria.

Por favor, entenda que eu não estou pregando uma volta ao passado, mas, ao contrário, indicando o uso de sensores de presença que sejam efetivamente "sensíveis", sensores que tenham boa qualidade. No caso de sensores de presença, vale a mesma regra utilizada para LEDs: comprem sempre produtos de qualidade.

### O que é Certificação LEED?

**LEED** (*Leadership in Energy and Environmental Design*) é uma certificação para edifícios sustentáveis, concebida e concedida pela ONG norte-americana U.S. Green Building Council (USGBC), de acordo com os critérios de racionalização de recursos (energia, água, materiais, etc.) atendidos por um edifício inteligente.

Foi colocada em prática em 1998 e atualmente já possuem ou estão em fase de aprovação do selo cerca de 14 mil projetos em todo o mundo.

É a certificação sustentável mais conhecida e aceita no Brasil.

Para conseguir o selo LEED, o edifício tem de obedecer a muitos critérios de sustentabilidade, e a cada aspecto é atribuído um ponto. No somatório de pontos obtidos, tem que dar um número que definirá a categoria, ou nível, da certificação. Ficando mais ou menos assim:

| NÍVEL DE CERTIFICAÇÃO | LEED NEW CONSTRUCTION (LEED-NC) | LEED CORE AND SHELL (LEED-CS) |
|---|---|---|
| Certificado | 26 a 32 pontos | 23 a 27 pontos |
| Prata | 33 a 38 pontos | 28 a 33 pontos |
| Ouro | 39 a 51 pontos | 34 a 44 pontos |
| Platina | 52 a 69 pontos | 45 a 61 pontos |

Os LEDs entram muito bem na contribuição para a certificação LEED por serem produtos de iluminação muito econômicos – poupadores de energia e, como vimos, de descarte que não agride o meio ambiente. Podemos dizer que, em iluminação de prédios, os LEDs são até decisivos para a obtenção dessa certificação de sustentabilidade, que visa fundamentalmente à proteção do ambiente em que vivemos. De forma bem-humorada, podemos dizer que "Os LEDs são LEED".

**A iluminação com LEDs é o presente e o futuro. Isso quer dizer que as lâmpadas tradicionais como fluorescentes e as de filamento acabarão em pouco tempo?**

Vamos regredir no tempo e analisar o que nossos antepassados pensaram quando foi descoberta a fluorescente – lâmpada de descarga a baixa pressão –, que teria durabilidade oito vezes maior que a incandescente e ainda pouparia perto de 80% de energia. Eu não tenho dúvidas de que eles deviam ter pensado que a incandescente morreria em pouco tempo. E aí está ela varando dois séculos. Na sua forma comum, só vai acabar por decreto mal concebido. Como já falamos, por obra e arte de alguém que não conhece o tema e "criou" a imagem de que ela não é ecológica, que provoca efeito estufa e que agride o meio ambiente. Nós sabemos que não é bem assim, pelo contrário, é muito menos agressiva que outras lâmpadas que a substituem.

Da mesma forma, penso que os LEDs são importantes e fundamentais fontes de luz e que vieram para dar o toque de inovação, com economia, durabilidade, eficiência e tantas outras virtudes elencadas neste livro. Mas não acabarão com as fontes de luz tradicionais, porque há espaço para os dois sistemas e a transição sempre ocorre de forma responsável, sem atropelos. Tenho a ousadia de prever que as lâmpadas tradicionais conviverão por décadas com os LEDs, como aconteceu e acontece até hoje no caso da convivência das lâmpadas de filamento com as de descarga.

### Será que com o advento dos LEDs encerram-se as chances de aparecer outra fonte de luz elétrica ou equivalente?

Imagino que quando existiam apenas as lâmpadas de filamento (incandescentes) ninguém poderia supor que pudesse aparecer outra forma de se produzir luz elétrica, até que apareceram as lâmpadas de descarga. Primeiramente as fluorescentes e, depois, foram se sucedendo formas de luz elétrica de descarga, até que entraram em cena os LEDs.

Estes, pela pergunta anterior, pareciam encerrar os ciclos de descoberta da luz elétrica. A capacidade de pesquisa e desenvolvimento do ser humano, porém, parece não ter limites. Por isso eu não me surpreenderia se, no momento em que você estiver lendo este livro, possa existir outra forma de luz mais evoluída, superando as até aqui conhecidas.

No Novo Testamento, na crença cristã, há que esperar uma nova vinda do Messias, com a expressão "vigiai e ficai atento!". Peguemos emprestada essa frase, adaptando-a à questão proposta: "Ficai atento, pois assim com a luz do Messias é esperada pelos crentes na Bíblia, pode aparecer uma nova forma de luz, que não seja a divina, mas que supere as outras três formas que hoje conhecemos: incandescência, descarga e eletroluminescência".

### Todos os tipos de LEDs podem ser dimerizados?

A exemplo das lâmpadas fluorescentes, para que um LED seja dimerizado o equipamento que o faz funcionar, ou seja, o driver, a fonte, deve ser dimerizável.

Estar atento ao comprar o produto com as informações corretas é fundamental para LEDs e para qualquer equipamento que adquirirmos. Por isso sempre oriento em minhas aulas e palestras a indispensável leitura dos catálogos, sejam virtuais – em sites e outros meios – ou impressos. Quando isso não for possível, deve-se ao menos ler a embalagem, pois empresas confiáveis colocam nelas as principais caracterísiticas do produto, incluindo a forma de ligação, devendo aparecer esse detalhe em relação à dimerização.

**Fechando este pequeno capítulo de perguntas e respostas, ressaltando a característica de minha obra de que qualquer dúvida deve ser dirigida para meu e-mail, que responderei com muita alegria, eu mesmo repito uma pergunta que me tem sido feita há algum tempo: "Sendo o terceiro livro sobre iluminação, não está na hora de revisar totalmente o primeiro e o segundo livros?".**

Neste ano de 2011 *Luz, lâmpadas & iluminação* está completando dez anos de lançamento. Relendo-o, noto algo muito saudável, que é justamente a forma como foi concebido: predominam nele os conceitos e as informações fundamentais, que não se alteraram com o tempo. Uma revisão pode ser feita, mas a "mexida" será de pequenos detalhes, já que o contexto geral continua atual, visto que é formado por elementos definitivos em iluminação. Por exemplo, nele há apenas uma abordagem muito insipiente sobre LEDs – que estavam começando a iluminar ambientes – e seria o caso de atualizar as informações. Mas por que fazer isso se temos agora um livro que aborda exclusivamente o assunto?

Confesso que estarei atento para fazer algumas modificações nos dois livros anteriores, mas, pelos motivos expostos, nunca serão profundas.

# Uma divina luz

Como havia prometido, registrarei um único projeto de iluminação a LEDs neste livro. E, para justificar essa exceção, procurei uma obra que pudesse ser marcante, emblemática, icônica para realmente representar toda a força dessa luz em estado sólido chamada de LEDs.

Nessa busca, para mostrar toda a velocidade com que os LEDs invandem a iluminação em todas as áreas, caso eu tivesse terminado de escrever este livro antes de março deste ano não contaria com esse trabalho, visto que não existia. Foi inaugurado justamente em março de 2011.

Graças a Deus, posso colocar, com uma satisfação especialíssima, essa iluminação que já é um símbolo da utilização de LEDs em todo o planeta.

Senhoras e senhores, tenho a honra de apresentar para todo o "mundo da luz", simplesmente uma das maravilhas do mundo moderno. E que agora, iluminado com LEDs, se tansformou numa "luminosa e multicolorida maravilha" e, por certo, a principal com o uso dessa tecnologia:

## O CRISTO REDENTOR

## Tipos de iluminação

O principal monumento brasileiro já foi iluminado – desde sua inauguração – de várias formas. Lembro que, quando morei no Rio de Janeiro, houve uma iluminação com lâmpadas a vapor de sódio para reduzir a invasão dos chamados insetos da luz que eram atraídos pela luz branca, sempre muito rica em UV – fator de atração de insetos. Naquela época, como eu poderia imaginar que alguns anos depois estaria apresentando a nova iluminação do Cristo Redentor com um tipo de luz que não era utilizado e muito menos eu conhecia? Por isso, e também por minha formação cristã, fico realmente emocionado em ter no meu livro que fecha uma trilogia da Iluminação esse símbolo do cristianismo que é respeitado por praticamente todas as religiões.

Os que não o admiram como símbolo religioso apreciam-no como obra de engenharia e arquitetura. Na parte especificamente religiosa, quem não crê em Jesus Cristo como santo e filho de Deus, com certeza crê no que Ele representou como exemplo de vida para toda a humanidade, resumindo os mandamentos num que é definitivo para os seres humanos: "amar ao próximo como a si mesmo". Isso não há quem possa contestar.

Mas, mesmo que não quisesse fazer uma reflexão religiosa, foi impossível não salientar essa parte que, de uma forma ou de outra, está inerente ao material com que foi construída a estátua na qual, para muitos, o monumento e a fé se confundem.

## Projeto e execução

Para iluminar esse gigante de 45 metros de altura, foram utilizados perto de 300 refletores com LEDs RGB – sistema de troca de cores. Mais precisamente 256 projetores e 30 réguas. Para que toda a abrangência das cores fosse possível, houve um reforço de LEDs brancos nos refletores, pois o branco gerado pelo RGB precisa ser reforçado para que fique realmente um "branco mais branco".

São várias aberturas de foco direcionadas para cada área específica, que variaram entre 8 e 10 graus para os refletores e 10 e 40 graus para

as réguas. Para tanto, a imagem foi dividida em 18 áreas principais a serem focalizadas de forma separada, dando flexibilidade ao sistema de iluminação e, principalmente, uma luz homogênea, sem áreas de sombra.

## Controle

Para controlar e dinamizar essa luz com todo esse potencial, foram utilizados equipamentos acoplados a um *software* especial que permite gerenciar a iluminação tanto da central de controle, instalada na base do Cristo, como por sinal de internet. Nesse aspecto, vale comentar uma pequena história que mostra, com bom humor, toda a flexibilidade e modernidade dos atuais equipamentos de controle da luz.

A equipe da Osram embarcou num táxi e foi circundando a Lagoa Rodrigo de Feitas até um local onde o Cristo ficasse visível, para fazer o teste de forma remota. Foi feito o acesso do controle via Internet no laptop e o Redentor resplandeceu em luzes e, na sequência, foi trocando de cor.

O motorista do táxi acompanhou a cena com total surpresa, beirando ao susto, pois para ele era algo impressionante que aquele majestoso símbolo do Rio de Janeiro e do Brasil pudesse ter sua iluminação controlada e mudar de cor num toque na tecla de um computador e de tão longe.

Notem que um anônimo motorista de táxi estava presenciando o fato notável – para não dizer histórico – de ver a primeira iluminação dinâmica daquele fantástico e famoso monumento.

## Troca de cores

No início, houve estranheza pelas trocas de cores de um símbolo religioso, que deveria em tese ter apenas a sua cor natural. Alguns profissionais e a própria população fizeram algumas críticas, até que veio a público – e agora eu quero reforçar neste livro – que essa possibilidade de troca de cores permite algo maravilhoso. Entre outros efeitos, o de adequar a imagem ao calendário litúrgico. Por exemplo, no tempo da Quaresma a luz pode ficar cor púrpura, como a utilizada nos paramentos que o sacerdote veste na época, durante os atos litúrgicos.

Alguns que criticaram a troca de cores por ser algo contra a religiosidade, agora sabem que, ao contrário, ela dará muito mais simbologia à fé cristã. Hoje os comentários são os mais elogiosos possíveis.

## Autoria do projeto

A autoria do projeto é de um dos precursores da iluminação no Brasil e que dispensa apresentação, mas que me orgulha tê-lo como amigo e ser um exemplo para todos nós que ensinamos e vivemos a luz e seus efeitos: Peter Gasper.

O Peter contou com a parceria da OSRAM, a utilização de equipamentos *TRAXON-Ecue* e com o apoio de vários órgãos oficiais e religiosos, entre os quais destaco, por ser apropriado, a Mitra Arquiepiscopal do Rio de Janeiro, que nos autorizou a utilização dessa imagem colossal neste que é, salvo melhor juízo, o primeiro livro impresso sobre iluminação a LEDs. Assim, fica o resultado desse trabalho da OSRAM-TRAXON como uma espécie de padrinho deste meu terceiro livro sobre a luz. Um padrinho luminosamente divino.

# Importante informação de ordem profissional

## Mauri não faz projetos, é consultor

*"Cada um no seu quadrado"*

Tem sido muito comum eu receber consultas para fazer projetos de iluminação e, não raro, me convidando para participar de alguma licitação com projetos de minha autoria.

Os que têm contato mais direto comigo, em aulas e palestras, sabem que eu tenho um grande orgulho de dizer que não faço projetos e que me sinto muito feliz em dar consultoria em projetos de iluminação. A explicação é muito direta e de fácil entendimento, pois sendo eu um palestrante e escritor sobre o tema, sentir-me-ia como um concorrente dos que fazem projetos, sejam *lighting disigners*, arquitetos de iluminação, engenheiros e tantos outros profissionais que trabalham na área e que são meus clientes, comprando meus livros, participando de meus cursos e assistindo às minhas palestras.

Por outro lado, tenho participado com muita efetividade em projetos de iluminação, orientando a todos os profissionais que me procuram por e-mail ou telefone. Faço isso com um grande prazer pessoal, e por vezes fico longo tempo ao telefone tirando dúvidas, indicando lâmpadas que melhor se adaptam a determinada situação.

Assim, amigos profissionais da luz, este escritor e palestrante tem uma imensa alegria de, em vez de ser concorrente ser, sim, colaborador de todos vocês e, na grande maioria dos casos, faço esse trabalho sem ônus. Quando alguma consultoria depende de deslocamentos, evidentemente que cobro as despesas e, se esse trabalho resultar numa solução adequada e em lucro para quem me consultou, aceito participar disso, algo sempre combinando previamente.

Dessa forma, sempre que precisarem de uma informação, uma orientação, uma dica não se intimidem e consultem à vontade, que responderei e atenderei com muita disponibilidade e a atenção que todos merecem por trabalharem com esse fantástico e apaixonante tema que é a iluminação.

# Considerações finais

*Concluindo que o futuro é presente*

Chegando ao final de mais um livro sobre o tema iluminação, fico com aquela gostosa sensação de dever cumprido. Já que ao olhar para trás vejo que dez anos se passaram desde o primeiro livro *Luz, lâmpadas & iluminação*. Ele, que era então uma incógnita, por ser precursor na área, foi escrito numa linguagem acessível, possibilitando atingir tanto os profissionais como também e muito especialmente estudantes e iniciantes na profissão. Argumentei certa feita de que de nada adiantaria escrever de forma tecnicamente rebuscada, de modo a ser entendido apenas por profissionais, pois esses são, em tese, os que menos precisam de informação. Por outro lado, os estudantes e demais interessados em iluminação, incluindo os indispensáveis instaladores, eletricistas, é que realmente precisam de informações e conhecimentos, alguns para sua formação profissional e outros para poderem trabalhar com conhecimento buscando a excelência do serviço.

Evidentemente que profissionais também encontraram nos livros seu aperfeiçoamento. Se em matérias antigas sempre há que se ler livros e buscar inovações, quando se fala de iluminação essa leitura se torna indispensável, tantas são as novidades.

À sensação de dever cumprido que citei, soma-se uma maior, que é a satisfação de entender que estou contribuindo para distribuir conhecimentos. E essa é uma tarefa que beira o sublime, tangencia o divino e, efetivamente, deixa radiante quem consegue fazer isso, visto que há profissionais que chegam a ser gênios e que não conseguem ou não querem distribuir seus conhecimentos.

Desde que comecei a dar palestras e escrever sobre a luz e seus efeitos, meu maior objetivo sempre foi justamente espalhar o que aprendi em tantos anos trabalhando no segmento, para tantos quantos pudessem ter contato comigo, fosse por palestras, aulas, artigos técnicos ou pela leitura de meus livros. Este já é o terceiro nesta área específica e, para usar uma expressão que se tornou regional na minha cidade, estou por isso "tri" realizado, "tri" gratificado e "tri" feliz.

Claro que nesta obra, mesmo mantendo o formato das demais, incluindo o capítulo de perguntas e respostas, ainda que com apenas dez itens, o conteúdo é dirigido com abrangência a todas as categorias de interessados, incluindo, nesse caso, os profissionais já experimentados. Enquanto no primeiro livro o tema era novidade apenas no formato do livro que escrevi, pois muitos profissionais já dominavam o assunto, temos que LEDs é uma forma de luz em plena acensão e desenvolvimento, de tal ordem que mesmo o mais renomado *lighting designer* ou arquiteto de iluminação tem sede de conhecimento sobre essa nova fonte de luz, também conhecida como luz em estado sólido, *Solid State Light,* ou SSL. Apesar do visível interesse desses profissionais, tive o cuidado de manter o mesmo tipo de linguagem, para que novamente todos tivessem acesso às informações, e a leitura fosse de mesma facilidade de compreensão que os livros anteriores, as minhas palestras e aulas.

Dessa forma, concluo deixando claro que a citada sensação do dever cumprido, somada à satisfação e à gratificação de manter minha saga de espalhar conhecimento sobre iluminação, fica nesse caso, extrapolada aos limites do imaginável. Ao terminar de escrever este livro, que propõe distribuir conhecimentos, contribuindo com todos que trabalham no mercado de iluminação, tenho a convicção de que as informações e os conceitos aqui contidos deixam evidentemente claro que o LED representa a luz dos novos projetos.

Tenho formatado um curso sobre iluminação geral e LEDs, com duração de três noites, que já ministrei em várias cidades do Brasil e também uma palestra de três horas, em que tenho tido a alegria de receber comentários elogiosos que me deixam por vezes até ruborizado, mas muito orgulhoso de estar conseguindo distribuir informações sobre esse tema maravilhoso, que ajuda a melhorar a vida das pessoas. Nesses eventos, a forma como escrevo tem sido alvo desses elogios e por isso agradeço a todos, sejam leitores ou participantes de meus cursos e palestras.

### Deixo-lhes um iluminado abraço!

## Mauri Luiz da Silva
Especialista em Iluminação

**Contato para Cursos e Palestras:**
Luz.mauri@terra.com.br
Blog: mauriluz.blogspot.com

# Luz , Lâmpadas e Iluminação

**Autor:** *Silva, Mauri Luiz da*

160 páginas - 3ª edição - 2004
ISBN: 8573933097
Formato: 16 x 23 cm

O gaúcho de Porto Alegre, Mauri Luiz da Silva, neste seu livro, aborda o tema da iluminação. Com vasta experiência em projetos e produtos de iluminação, o escritor que também é poeta – tem um livro de poesia publicado e é sucesso de vendas –, aborda nesta obra um assunto tão importante na vida atual: a luz, que em alguns de seus efeitos, resulta de grande sensibilidade.

Além de uma fonte de consultas para profissionais de iluminação, estudantes de engenharia, arquitetura entre outros cursos técnicos, pode e deve ser lido também por toda e qualquer pessoa que se interessa pelo tema. As informações aqui registradas, bem como as dicas e esclarecimentos, são muito interessantes tanto para quem quer fazer um grande projeto de iluminação, como para quem quiser simplesmente iluminar adequadamente sua residência.

**À venda nas melhores livrarias.**

# Iluminação:
# Simplificando o projeto

**Autor:** *Silva, Mauri Luiz da*

176 páginas - 1ª edição - 2009
ISBN: 9788573937916
Formato: 16 x 23 cm

O Projeto de Iluminação, explicado de forma didática sempre foi algo muito procurado pelos que trabalham com a luz.

Totalmente colorido, neste livro você encontra dicas, macetes, orientações e muitas informações de como fazer um bom projeto de iluminação fazem a parte fundamental deste quinto trabalho literário e o segundo sobre o tema.

Como no seu livro anterior, Luz, Lâmpadas & Iluminação, best-seller e precursor sobre o assunto, Mauri Luiz da Silva consegue nos colocar no caminho da luz, e novamente com a característica principal de sua obra, a linguagem acessível, onde a leitura flui de forma natural e motivadora.

De estudantes aos mais renomados projetistas, todos encontrarão informações importantes neste livro, pois como sempre fala Mauri: Quanto mais se aprender sobre a iluminação, melhor, pois sendo matéria ainda relativamente nova no Brasil, tudo soma positivamente, sejam cursos, palestras, revistas ou livros. Iluminação – Simplificando o Projeto passa a ser fonte de consulta indispensável nessa busca incessante de informações sobre a LUZ e seus efeitos.

## À venda nas melhores livrarias.

Impressão e acabamento
Gráfica da Editora Ciência Moderna Ltda.
Tel: (21) 2201-6662